U0201163

《农村环境连片整治技术模式与案例》

编写委员会

主　任	熊跃辉	庄国泰	洪亚雄		
副主任	胥树凡	邱启文	陆　军		
委　员	冯　波	陈和东	龚成刚	吕桂甫	张化天
	席北斗	马宇飞	金　晟	王夏晖	何连生
	孔　源	贾　卉	刘睿倩	姜　洪	许丹宇

主　编	王夏晖	陆　军	熊跃辉	庄国泰	
副主编	胥树凡	邱启文	冯　波	吕文魁	
编　委	张化天	陈和东	龚成刚	席北斗	吕桂甫
	何连生	金　晟	马宇飞	刘睿倩	王　波
	姜　洪	李志涛	许丹宇	李一葳	刘　婷
	李　磊	王浙明	叶红玉	王德全	路国彬
	丁小慧	高彦鑫	杜　静	李　松	张晓丽

农村环境连片整治
技术模式与案例

Rural Environment Remediation

Technology Model and Case

王夏晖　　陆　军
熊跃辉　　庄国泰　主编

中国环境出版社·北京

图书在版编目（ＣＩＰ）数据

农村环境连片整治技术模式与案例 / 王夏晖等主编. — 北京：中国
环境出版社， 2014.2
ISBN 978-7-5111-1750-2

Ⅰ.①农… Ⅱ.①王… ②陆… Ⅲ.①农业环境保护－技术 Ⅳ.①X322

中国版本图书馆CIP数据核字（2014）第033649号

出 版 人	王新程
责任编辑	葛 莉 刘 杨
责任校对	扣志红
封面设计	杨曙荣

出版发行　中国环境出版社
　　　　　（100062 北京市东城区广渠门内大街16号）
　　　　　网　　　址：http://www.cesp.com.cn
　　　　　电子邮箱：bjgl@cesp.com.cn
　　　　　联系电话：010-67112765（编辑管理部）
　　　　　　　　　　010-67113412（教材图书出版中心）
　　　　　发行热线：010-67125803　010-67113405（传真）

印　　刷	北京中科印刷有限公司
经　　销	各地新华书店
版　　次	2014年7月第1版
印　　次	2014年7月第1次印刷
开　　本	787×960　1/16
印　　张	6
字　　数	100千字
定　　价	30.00元

序 言

  农村地区是推进生态文明建设的重要阵地，农村环境质量是衡量小康社会建设进程的重要指针，农村环境整治是建设美好家园的重要行动。党的十八大明确了今后一个时期生态文明建设和城乡统筹发展的战略要求，坚持把国家基础设施建设和社会事业发展重点放在农村，深入推进新农村建设，全面改善农村生产生活条件。党的十八届三中全会通过的《中共中央关于全面深化改革若干重大问题的决定》明确提出"统筹城乡基础设施建设和社区建设，推进城乡基本公共服务均等化"。农村环境保护是推进城乡基本公共服务均等化的重要内容和公共财政着力支持的重点领域。近年来，为贯彻落实国家关于农村环境保护的工作部署，各地切实加大农村污染防治和生态保护力度，部分地区农村环境质量得到明显改善，农村环境保护取得阶段性进展。

  在长期城乡二元结构问题的影响下，与城市相比，农村环保基础设施建设相对滞后，农村环保制度不健全，农村环境质量不容乐观，已成为制约全面建成小康社会目标的一块"短板"。为整治农村环境问题，自2008年开始，国家实行"以奖促治"和"以奖代补"政策，中央财政设立农村环保专项资金，用于农村环境综合整治和生态示范建设。2010年，按照"抓点、带线、促面"推进思路，为进一步提高整治成效，发挥规模效应，国家选取部分省份启动实施农村环境连片整治，加快解决区域性突出环境问题。农村环境连片整治成为国家与地方政府联合推进的一项旨在改善农村环境质量的重要行动。至2012年，先后有23个省（区、市）开展了农村环境连片整治示范工作，纳入整治的村庄数量约3万个，受益人口近6 000万人。

随着农村环境连片整治工作逐步推进，各地因地制宜、积极探索农村环境连片整治的有效技术模式，并在实践中大胆尝试、不断总结，建立了一批具有推广价值的示范工程。本书从各地农村环境连片整治的实践需求出发，通过对浙江、辽宁、宁夏、湖北、湖南、福建、海南、云南、北京、上海等地的实地调研、资料收集和总结分析，按照"投资少、易管理、效果好"的原则，筛选出一批在实际操作中相对成熟的技术模式和应用案例。全书共分为农村饮用水水源地环境保护、农村生活污水处理、农村生活垃圾处理、畜禽养殖污染防治等4个专题，每个专题均包括技术模式和应用案例两个部分。

本书是在环境保护部国家环境技术管理项目"农村连片整治典型技术案例汇编"研究成果基础上完成。编写过程中得到了环境保护部科技标准司、自然生态保护司、规划财务司等管理部门的指导。案例素材收集工作得到了有关省（市、区）环境保护厅（局）和地方技术人员的大力支持。在技术模式和案例筛选评估过程中，邀请了多位专家参与研究论证工作。在此一并表示感谢。

本书可供从事农村环境保护工作的管理和技术人员使用，特别是可作为各地开展农村环境连片整治的参考用书。由于时间紧迫，编者水平有限，加上农村环境保护技术仍在不断探索和完善中，书中难免存在不足之处，敬请读者批评指正。

编　者
2014年1月于北京

目　录

专题三

农村生活垃圾处理技术模式与案例·····················57

专题四

畜禽养殖污染防治技术模式与案例·····················73

专题一
农村饮用水水源地环境保护
技术模式与案例

一、农村饮用水水源地环境保护技术模式

1. 技术概况

农村饮用水水源地环境质量直接关系到农村地区人口的饮水安全，通过在饮用水水源地周边建设标志工程和隔离防护设施，使污染源与农村饮用水水源隔离，达到保护饮用水水源的目的。在补充水进入饮用水水源地之前，通过污染治理设施建设，对补充水进行处理和生态修复达标后进入饮用水水源地，提高水源地污染防护能力，使农村饮用水水源地生态环境和水质得到有效保护。

2. 技术分类

农村饮用水水源地环境保护技术模式包括防护技术模式和污染治理技术模式。

农村饮用水水源地防护技术模式分为：①水源地标志工程建设技术，包括界标、交通警示牌和宣传牌等；②隔离防护设施建设技术，包括物理防护和生物防护，物理防护包括护栏、隔离网、隔离墙等，生物防护主要为植物篱构建。

农村饮用水水源地污染治理技术模式包括农村饮用水水源补充水污染治理技术和农业面源污染防治技术。农村饮用水水源补充水污染治理技术包括生态沟渠、植被缓冲带和塘坝水源入库溪流前置库技术等；农药污染防治技术包括选用低毒农药、应用生物农药和生物降解；化肥污染防治技术包括推广测土配方施肥、施用缓释肥、发展有机农业和生态农业、建设生态缓冲带等。

3. 模式选取

农村饮用水水源地环境保护项目技术模式选取时，应参照《农村环境连片整治技术指南》（HJ 2031—2013）的有关要求进行。同时，依据项目建设需求，参照《饮用水水源保护区划分技术规范》（HJ/T 338—2007）、《分散式饮用水水源地环境保护指南（试行）》（环办[2010]132 号）等国家规范性文件，因地制宜地选取技术模式。

4. 技术要求

集中式地表水源地需参照《饮用水水源保护区划分技术规范》（HJ/T 338—2007）划定一级保护区、二级保护区和准保护区，严格执行各级保护区环境保护要求，采用警示标志、隔离防护设施、生态拦截工程等环境保护措施。生态拦截工程应结合农业面源污染治理，在平原河网地区宜采用生态沟渠与植被隔离带的组合模式，丘陵和山区宜采用前置库模式。

分散式饮用水水源地，宜采用严格的物理防护措施，保持水源地保护区范围相对隔离，设置必要的警示标志。饮用水水源地取水口需建设隔离防护构筑物，对饮水净化设施、水泵、电机等配套设施予以必要的保护。

5. 应用现状

20 世纪 80 年代初，对湖泊、水库等地表水体的富营养化调查及流域水质规划开启了我国面源污染领域的相关研究工作，及至 20 世纪 90 年代，我国的农业面源污染研究工作更加活跃，有关农药、化肥污染的宏观特性及其影响因素，以及相关黑箱经验统计模型在农业面源污染研究中占有重要地位。近年来，我国在面源污染截纳控制技术方面也有一些成功的报道。利用水生植物建立人工湿地或多水塘系统，对面源污染物起到了很好的净化效果。在过程控制方面，沟渠湿地对径流污染物的截留去除有着很好的效果；末端治理方面，河口前置库技术在农业面源污染控制中也得到了成熟的应用。

二、农村饮用水水源地环境保护技术案例

（一）浙江省台州市黄岩区水源地环境保护技术案例*

1. 案例概况

该工程位于浙江省台州市黄岩区长潭水库库区东北角。黄岩区总面积为 988 km^2，气候温和湿润，雨量充沛，四季分明，属亚热带海洋性季风气候。年平均气温17 ℃，年无霜期250 d左右，年均降水量1 676 mm。

工程设计处理能力为8万t/d。长潭水库供给台州市椒江区、黄岩区、路桥区和温岭市周边6.93×10^4 hm^2农田的灌溉用水，以及200 万城乡居民生活用水和数万家企业生产用水。

2. 技术原理

该项工程由生态湿地、湿地滨岸带生态系统和浅滩生态修复区3部分组成。

（1）生态湿地

人工湿地对有机物具有较强的降解能力，成熟人工湿地系统的填料表面及植物根系生长着相对较为丰富的生物膜。废水流经湿地，不溶性有机物通过湿地沉淀、过滤作用，从废水中截留下来被生物利用，可溶性有机物通过植物根系生物膜的吸附、吸收和生物代谢降解过程被去除。人工湿地对氮的去除作用主要为基质吸收、过滤、沉淀及氨氮的挥发，植物的吸收，微生物的硝化作用和反硝化作用。人工湿地对磷的去除主要包括基质的吸收过滤、植物的吸收、微生物去除和物理化学作用等。

（2）湿地滨岸带生态系统

构建以耐湿性乔木为建群种，辅以湿生草本群落的环库区湿地滨岸带陆生

---

* 本案例素材由浙江省环境保护厅提供。

生态系统。改善水体与滨岸陆地间的物质能量传递与交流，并且使得两栖动物和水鸟类生境得到恢复。

（3）浅滩生态修复

采用生物净化法，利用微生物分解吸收有机物的功能，通过人工措施创造有利于微生物生长和繁殖的环境，从而提高对污染水体有机物的氧化降解效率，逐渐恢复污染水体的自净能力。

3．工艺流程

①依照水流流向和水量分配，工艺流程见图1。

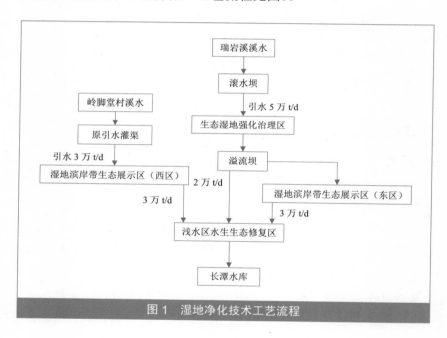

图1　湿地净化技术工艺流程

②生态湿地强化治理区工艺流程见图2。
③湿地滨岸带生态系统工艺流程见图3。
④浅滩生态修复区工艺流程见图4。

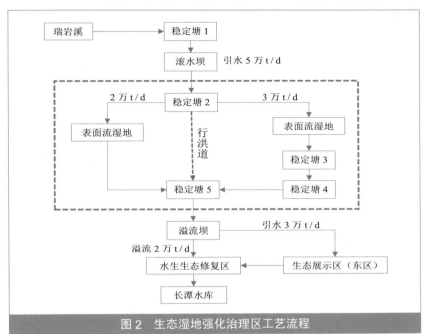

图 2　生态湿地强化治理区工艺流程

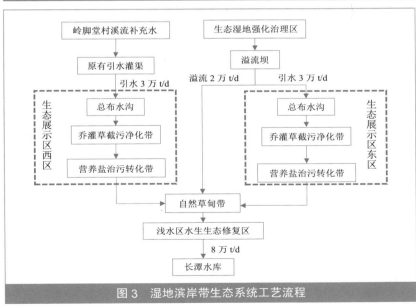

图 3　湿地滨岸带生态系统工艺流程

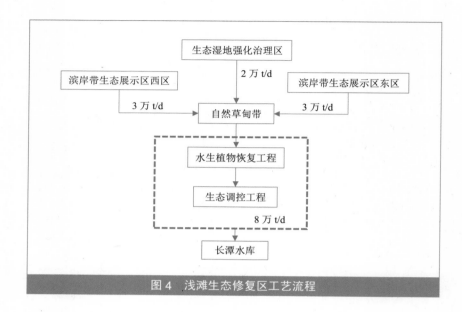

图 4　浅滩生态修复区工艺流程

4．主要参数

（1）构筑物

生态湿地工程总占地面积59.1×10^{4}m^2，主要分为4个区域：生态湿地强化治理区、湿地滨岸带生态系统（分东、西两区）、浅滩生态修复区。其中生态湿地强化治理区占地面积10×10^{4}m^2，占湿地总面积的16.9%；湿地滨岸带生态系统占地面积12.9×10^{4}m^2（东区3.8×10^{4}m^2，西区9.1×10^{4}m^2），占湿地总面积的21.8%；浅滩生态修复区占地面积33.5×10^{4}m^2，占湿地总面积的56.7%；此外，自然草甸带占地面积4.6×10^{4}m^2，占湿地总面积的7.7%。

（2）设计容量

生态湿地的总水容量约为5×10^{5}m^3，设计总处理量为8×10^{4}t/d，湿地正常运行时总停留时间约6.3d。生态湿地强化治理区设计处理量为5×10^{4}t/d，其水容量为5.9×10^{4}m^3，系统停留时间为28h；湿地滨岸带生态展示区设计总处理量为6×10^{4}t/d，总水容量约为3.1×10^{4}m^3，其中：东区设计处理量为3×10^{4}t/d，水容量约为1×10^{4}m^3，系统停留时间约8h，西区设计处理量为3×10^{4}t/d（岭脚堂村溪流引水），水容量约$2.1×10^4m^3$，系统停留时间约17h，溢流坝溢流部分水量为$2×10^4t/d$，直接进入浅水区；浅水区水生生态修复区设计总处理量为$8×10^4t/d$，水容量约为$50.3×10^4m^3$，系统停留时间约为6.3d。主要工程量见表1。

表1 主要工程量

工程项目	子工程项目	工程量
生态湿地强化治理区	滚水坝建设工程	建设长度约130m
	入库溪流生态治理示范区建设工程	建设面积约35 000m²
	溢流坝建设工程	建设长度约335m
	入库口生态缓冲带建设工程	建设面积约25 000m²
	生态厕所	4座，约80m²
库区湿地滨岸带生态展示区	东区湿地滨岸带建设工程	建设面积约32 000m²
	西区湿地滨岸带建设工程	建设面积约86 000m²
	溪流	建设长度约3 800m
	机耕路	建设长度约1 200m
浅滩生态修复区	水生植物恢复工程	建设面积约4 000m²
	生态调控工程	建设面积约12 000m²

（3）工程投资

工程主要包括生态湿地强化治理区建设工程911.8万元，其中滚水坝建设工程195万元，溢流坝建设工程251.3万元，入库溪流生态治理示范区建设工程297.5万元，入库口生态缓冲带建设工程100万元，生态厕所68万元；库区湿地滨岸带生态展示区工程544.5万元，其中东区湿地滨岸带建设工程112万元，西区湿地滨岸带建设工程371万元，开挖溪流建设工程37.5万元，机耕路建设工程24万元；原位水生生态修复工程72万元，其中水生植物恢复工程12万元。

5. 运行维护

（1）植物收割

由于挺水植物主要吸收底泥中的营养盐，而其部分残体又往往滞留湿地内部，矿化分解后会污染水体，故应及时收割，防止将吸收的营养物质重新释放到水体中，形成二次污染，降低水质净化效果，在每年的11月或3月须对湿地植物进行收割。

（2）湿地巡视

安排1～2名工作人员对湿地进行巡护和监管，制止对湿地环境破坏的行为，一旦发现问题及时上报上级管理部门。

湿地生态系统固定管理人员费用约30万元/a；运费动力费10万元/a（植物收割、运输），合计40万元/a。

6．技术特点

投资少，管理简便，污水在湿地填料表面漫流，与自然湿地最为接近；水

图5　表面平行流湿地景观示意图

图6　入库口生态缓冲带工程景观示意图

深较浅，一般在0.1～0.6m，湿地充氧效果好。绝大部分有机物的降解是在植物水下茎秆上的生物膜来完成的，净化负荷不高；但北方地区由于冬季温度低，湿地表面会结冰；夏季如果水流缓慢会滋生蚊蝇、散发气味。图5、图6为表面平行流湿地和入库口生态缓冲带工程景观示意图。

（二）宁夏回族自治区固原市贺家湾水源地隔离防护技术案例*

1．案例概况

工程位于固原市原州区开城镇贺家湾水库。贺家湾水源地保护工程地处径源县六盘山镇、大湾乡和原州区开城镇，区域中心距固原市区约22km，南北长约32km，东西平均宽4km左右，保护区总面积131.46km²。其中贺家湾水库2.8km²，东山坡引水各截引点流域128.66 km²。区域地处黄河流域干旱带，降水时空分布不均，南多北少，年季变化大，多年平均降水量472 mm。有限的地表、地下水资源均依赖于天然降水补给，地下水埋藏深，调节能力差，补给不足且与地表水交替频繁。

水库供给固原市区近25万人的日常用水，同时为固原市东部农村人畜饮水12个乡镇的15万人和西固饮水工程的10万人提供水源。

2．技术原理

通过完善贺家湾水源保护区的环境保护基础设施，消除水源地环境污染隐患，使水源得到有效保护。设立标志宣传牌、界碑、警戒牌、护栏等，建设截污沟、安装监控系统限制人为活动，防止水源污染。

3．工艺流程

贺家湾饮用水水源保护系统主要包括刺丝围网、界桩、应急集污池、警示牌、标志牌和一套电脑监控系统（图7）。操作系统安置在系统操作监控房内，每天由专门的工作人员看守，主要负责记录水源水质数据变化、监控摄像头的控制，以及观察水源地周围的情况，并做好应急措施。

---

* 本案例素材由宁夏回族自治区环境保护厅提供。

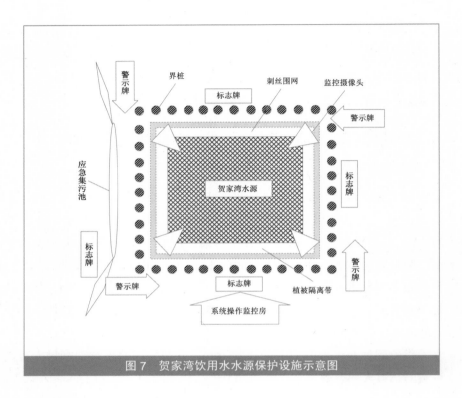

图 7　贺家湾饮用水水源保护设施示意图

4．主要参数

（1）构筑物

主要工程布置在一级保护区内，工程措施布置情况见表2，二级保护区工程措施布置情况见表3，项目总体布置情况见表4。

表 2　一级保护区工程布置情况统计表

工程名称	单位	数量	具体位置	备注
刺丝围栏	km	8.5	贺家湾水库库区道路以下 5m 范围边界线上（水库蓄水水位以上）	一级保护区水域部分（重点保护范围）
路牌	块	1	福银高速及银平公路通过处，经过贺家湾水库区的至高点	

（续表）

工程名称	单位	数量	具体位置	备注
标志牌	块	1	通往贺家湾水库的交通道路进口	
警示牌	块	10	贺家湾水库流域居民区及易污染的地方	
界桩	个	276	一级保护区边界线 13.8km	
应急集污池	座	3	高速公路及普通公路与贺家湾水库支沟交叉处	

表3　二级保护区工程布置情况统计表

序号	截引点名称	面积/m²	警示牌		界桩	
			数量	布置位置	数量	布置位置
1	顿家川	6.25	2	截引点附近		
2	东山坡	25.1	5	截引点附近		
3	黑沟渠	6.3	2	截引点附近		
4	网子沟	8.8	2	截引点附近		在引水线路及二级保护区（截引点流域）便捷布置，布置间距 50 m，保护区边界总长 105 km，共布置界桩 2 101 个，其中，引水线路 26.26 km，布置 525 个，截引点流域边界为 78.78 km，布置 1 576 个
5	和尚铺	7.3	3	截引点附近		
6	高家庄	6.48	2	截引点附近	2 101	
7	杨家沟	8.78	2	截引点附近		
8	苏堡	13.1	2	截引点附近		
9	牛营	10	2	截引点附近		
10	南湾	16.6	2	截引点附近		
11	阳洼	9.65	2	截引点附近		
12	红土洼	10.3	2	截引点附近		
合计		128.66	28	—	2 101	

表4　项目总体布置情况统计表

工程名称	单位	数量	具体位置	备注
刺丝围栏	km	8.5	贺家湾水库库区道路以下5m范围边界线上（水库蓄水水位以上）	一级保护区水域部分（重点保护范围）
路　牌	块	1	福银高速及银平公路通过处，经过贺家湾水库区的至高点	一级保护区
标志牌	块	1	通往贺家湾水库的交通道路进口处	一级保护区
警示牌	块	10	贺家湾水库流域居民区及易污染的地方	一级保护区
界　桩	个	2377	边界线总长118.8km，其中，一级保护区边界线13.8km，二级保护区105km	一级保护区276个二级保护区2101个
应急集污池	座	3	高速公路及普通公路与贺家湾水库支沟交叉处	一级保护区

①刺丝围网。采用四棱柱结构，预制砼桩作骨架，桩架间距5m，两桩之间采用刺丝围网，桩规格15cm×15cm×170cm，地下埋深50cm，地上120cm。围网选用狼牙铁丝网拉围，两桩之间为一个围网单位，长5m，净距长度4.95m；纵向布置铁丝9根，净距长度0.8m；两桩间布丝总长约31.95m。刺丝围网805km，共用14号狼牙铁丝54 315m，砼桩1 700个。

设置在一级保护区贺家湾水库正常蓄水位以上、库区道路以上5m处边界线处，围网区长度约2.8km，平均宽度约1km，围网总长度8.5km。

②应急集污池。共设置应急集污池3座，1#池布置在原州区上青石村、海家湾1队高速公路桥下游处，2#池布置在原州区上青石村海家湾2队高速公路桥下游处，3#池布置在原州区上青石村海家湾3队高速公路桥下游处。

表5　应急集污池组成

序号	名称	建设位置
1	1# 集污池	布置在原州区上青石村海家湾1队高速公路桥下游
2	2# 集污池	布置在原州区上青石村海家湾2队高速公路桥下游
3	3# 集污池	布置在原州区上青石村海家湾3队高速公路桥下游

应急集污池布置。为防止高速公路及银平公路发生交通事故时，使运输车辆拉运的化学物品污染贺家湾水源地，设计在一级保护区内沿高速公路及银平公路的沟道下游交叉处、距高速公路较近处共布置应急集污池3座。1#应急集污池布置在原州区上青石村海家湾1队高速公路桥下游处，2#应急集污池布置在原州区上青石村海家湾2队高速桥下游处，3#应急集污池布置在原州区上青石村海家湾3队高速桥下游处。

应急集污池容积确定。应急集污池容积按2辆载运车的载运容积和2辆消防车的灭火用水及雨季径流量进行确定。以一般交通事故为例，每辆车的载运容积按50m³计算，2辆车的总容积为100m³，再加上2辆消防车辆的消防灭火用水容积100m³，如在雨季发生交通事故，还要考虑下雨时产生径流量的容积，下雨径流按20m³考虑。经计算，应急集污池有效总容积确定为400m³，基本能够满足集污要求。

应急集污池结构设计。1#、2#、3#应急集污池结构均采用开敞式长方形梯型断面砼结构，应急集污池有效容积为400m³，池底结构尺寸为10m×20m，池深2m，池内边坡1∶1，池顶结构尺寸为14m×24m，池边墙顶宽1m，属半挖半填式集污池。在应急集污池下游边坝处布置溢流设施，并在溢流墙中间位置处布置底宽1m，边坡1∶1，深度2m的排水口，以便日常雨水及洪水排泄。在溢流设施下游处布置消能设施，以消除洪水对应急集污池下游边端基础的冲刷。确保边墙免受洪水的冲刷影响。应急集污池采用厚度为20cm的C15砼砌护底，集污池砼每5m×5m设置一道伸缩缝，缝宽3cm，采用橡胶止水带止水，缝内填塞沥青油膏，防止污水向地下及四周渗入。在应急集污池周围布置浆砌石护坡及护底，防止洪水冲毁集污池，增强集污池四周与岸坡的稳定性。

应急集污池使用说明。应急集污池的主要作用是高速公路及银平公路上发生交通事故时，作为车辆运载的有害物质或液体泄漏的紧急处理点，防止贺家湾水源地水质污染。为防止水源地污染，在交通事故发生及紧急灭火的同时，及时封堵集污池的排水，将肇事车辆泄漏的有害物质或液体及消防灭火产生的废水及污水引导集蓄在应急集污池中，再通过抽排外运的方式把有害有毒的污染物、液体及废水运出贺家湾水源地，并妥善处理，以保护贺家湾水源地水质少受污染。

③路牌。路牌建设地点为一级保护区福银高速公路与银平公路通过处，比较醒目的山梁上布置路牌1块。采用钢架柱结构，浆砌石基础，C20钢筋砼牌座。牌总高8m，其中立柱高5m，牌板高3m，牌板宽9 m，牌面面积27m^2；浆砌石基础尺寸2.6m×2.6m×0.3m；C20钢筋砼牌座为台柱结构，尺寸1m×1m×0.5m～2m×2m×0.3m，渐变台高度为0.5m。牌板支撑采用Φ500mm×9mm钢管为立柱，Φ300mm×6mm钢管为牌架梁，Φ100mm×5mm钢管为侧撑；牌板横梁为100mm×55mm×5mm工字钢，牌板支架及竖梁为40mm×40mm×4mm角钢焊接，牌板正面和背面均采用白铁皮装钉，表面装饰广告布。牌板两面均布置水源保护标志图案，使路过南来北往的司机朋友及过客们知道此处为水源地，提高保护意识，不随意乱扔垃圾，慎防交通事故，起到保护水源的广泛效应。

④标志碑。在一级保护区贺家湾水库交通道路入口处布置标志牌1块。为防止人为破坏，标志牌采用经久耐用的钢筋砼及浆砌石结构，牌板为C20钢筋砼，牌座为C15砼，基础为浆砌石，牌面贴大理石材。牌体在地面以上总高度2.5m，其中牌板尺寸上部为4 m×1.5m×0.4m，下部为4.4m×0.5m×0.8m，牌座尺寸5m×1.4m×0.5m，基础尺寸5.6m×2m×0.3m。牌板正面雕刻"宁夏固原市农村环境连片整治示范项目——贺家湾水源地保护项目"。牌板下部、牌座上方雕刻"保护水源，维护健康"字样，以提示人们饮用卫生安全的水，是保证身体健康的基础。

⑤警示牌。警示牌建设地点为一级保护区周围及12个截引点和引水线路沿线共设置警示牌38块（表6）。其中一级保护区布置10块；二级保护区各截引点和引水线路沿线布置警示牌28块，除东山坡截引点布置5块、和尚铺截引点布置3块外，其余各截引点每处均布置2块。

采用经久耐用的钢筋砼结构，为施工方便，采用预制安装构件，现场组装，牌板为C20钢筋砼，高1.5m，宽0.8m，厚0.12m，牌板配置Φ150mm×150mm钢筋网；牌座为C15砼，高0.5m，长1.2m，宽0.6m，埋设时，基础露出地面0.2m。牌板正面雕刻"农村环境保护，贺家湾水源地"，背面雕刻"保护水源，人人有责"

字样，以警示人们，此处是水源，人人都有保护水源的义务和责任，提高水源保护意识。

表6　水源警示牌设立统计表

序号	设立名称	数量/块	具体位置
1	顿家川	2	截引点附近
2	东山坡	5	截引点附近
3	黑沟渠	2	截引点附近
4	网子沟	2	截引点附近
5	和尚铺	3	截引点附近
6	高家庄	2	截引点附近
7	杨家沟	2	截引点附近
8	苏堡	2	截引点附近
9	牛营	2	截引点附近
10	南湾	2	截引点附近
11	阳洼	2	截引点附近
12	红土洼	2	截引点附近
13	何家湾水库	10	水库库区周围
合计		38	—

⑥界桩。界桩建设位置为沿一级保护区边界线、水源截引点流域边界及引水线路沿线布置，界桩布置总长度118.84km，其中一级保护区边界线长13.8km，二级保护区引水线路长26.26km，二级保护区截引点流域边界线长78.78km。界桩间距50m，共布置界桩2 377个，其中一级保护区276个，二级保护区2 101个（表7）。

表 7　水源地界桩设立统计表

序号	设立地点		长度 /km	间距 /m	数量 / 个	规格 /cm
1	一级保护区		13.8	50	276	15×15×99
2	二级保护区	各截引点	78.78	50	1 576	15×15×100
		引水线路	26.26	50	525	15×15×100
		小计	105	—	2 101	15×15×100
合　计			118.8	—	2 377	15×15×100

界桩采用C15砼棱柱结构，规格15cm×15cm×100cm，桩体配置8#冷拔丝作骨架，地下埋深50cm，地上外露50cm，桩面地上部分四面布置：在一级保护区边界设置"水源一级保护区"字样，在二级保护区边界设置"水源二级保护区"字样，桩面四周布置1cm×1cm凹槽，槽内涂色同标语颜色，以提醒人们，不得将污染物排入保护区，防止水源污染。

（2）工程投资

主要工程量及劳力：工程总土方3 348m³，其中：土方开挖1 776m³，土方回填1 572m³；浆砌石1 515m³；浇筑砼及钢筋砼908m³，大理石18.5m²。劳力10.19万工时。

主要材料用量：工程共需钢材14.57t，其中钢筋12.36t，型钢2.21t，刺丝10.2t，木材10m³，石子780m³，块石1 712m³。

建设成本：工程概算总投资193.49万元，其中：建安工程178.06万元，临时工程费2.67万元，独立费用10.84万元，水土保持费1.92万元。

5. 运行维护

（1）管理机构

根据固原市贺家湾水源地保护工程的实际情况，结合贺家湾水源地的管理现状，工程由固原市贺家湾水库管理所进行运行管理。

（2）运行维护资金

设施管理维护经费原则上主要采取市财政补贴、售水企业自筹的筹措方式，实行专款专用，实报实销，确保设施正常使用。

应急集污池污水处理费用由肇事当事人按集污排污量收缴、售水企业自筹、政府负担相结合的解决方式，以减轻政府财政负担。

（3）工程管理设施

为了满足正常管理、维护、检查、联络的需要，应为管理单位配备交通设施和通信设施，做到汛期雨天交通无阻。

（三）上海市植被缓冲带水源地保护技术案例*

1. 案例概况

工程位于上海市苏州河上游平原感潮河网地区。根据区域气候特征、本地植物截留、吸收污染物的能力，选择高羊茅、杞柳、美人蕉、芦苇、菖蒲、千屈菜等植物构建缓冲带。通过对区域水环境功能区划、农业面源污染流失特征及相关经济性分析，结合该河段地形特征，确定缓冲带的坡度为3%，实施最佳宽度为20m。按照上述坡度及宽度平整岸边土地，同时用生态工程的方法加固河岸边坡，并设置径流水均布设施，将服务区域的农田径流排水引入缓冲带体系。

2. 技术原理

缓冲带在滨岸生态系统中发挥着重要作用，具有较高的生态、社会和经济价值。植被在缓冲带中不仅仅是起到绿化、美观的作用，还能有效控制农田地表径流、废水排放、地下径流及深层地下水流中携带的营养物质、沉积物、有机质等污染物质，起到净化、过滤的缓冲作用，从而降低了污染源与接纳水体之间的联系，形成了一个阻碍污染物质进入水体的生物和物理障碍，从而达到改善水质的目的，并且可以截留固体颗粒物进入河流、湖泊等接纳水体。

3. 工艺流程

工艺流程见图8。

---

* 本案例素材由上海市环境保护局提供。

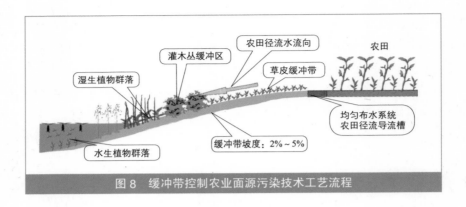

图 8 缓冲带控制农业面源污染技术工艺流程

4. 主要参数

（1）工程建设

通过选用适合区域生长并具备良好净化效果的草皮、湿生植物及水生植物构建缓冲带；根据区域水环境质量现状、功能区划及区域农业面源污染特征，确定缓冲带的最佳宽度；根据现场情况，按照2%～5%坡度整理岸坡，对于沙质土壤采取工程措施加固；在径流水流入端设置均匀布水系统，以确保农田排水均匀进入缓冲带；按照缓冲带功能分区种植选定的缓冲带植物，确保其成活率；关闭以前的径流水直排入河口，将排水渠来水引导进入缓冲带，经缓冲带入河；条件许可的情况下，设置一定规模的初期暴雨蓄积塘，稳定后经缓冲带入河。

①选用适合区域生长并具备良好净化效果的草皮、湿生植物及水生植物种构建缓冲带。按照接近自然、适合当地生长环境、净化能力强、水土保持能力强、景观效果好、保持多样性、经济易管理等原则，在不破坏原生植被的基础上，选择缓冲带植物体系，包括陆生、湿生和水生植物。缓冲带植物搭配依径流水流向依次为草本、灌木以及水生植物。草皮如百慕大、高羊茅、黑麦草等，灌木如杞柳、夹竹桃等，湿（水）生植物如美人蕉、芦苇、菖蒲、千屈菜等。

②根据区域水环境质量现状、功能区划及区域农业面源污染特征，确定缓冲带的最佳宽度。综合考虑区域水环境功能目标、环境质量现状、当前污染物

入河量、当地气候特征以及土地可获得性等多变量指标，进行环境效益及技术经济分析，确定一个缓冲带最佳宽度。缓冲带宽度越大，净化效果就越好。考虑到土地可获得性及资源稀缺性，建议的缓冲带宽度为10～20m。

③根据现场情况，按2%～5%坡度整理岸坡，对于沙质土壤采取工程措施加固。根据河流位置、农田布局等现场情况，按照上述已确定的最佳宽度，分析确定缓冲带的确切位置，注意进行土生植被的保护；对于沙质缓坡河岸或其他易导致流失的岸坡，可采用木排桩打入土壤或其他生态方法进行加固。

④在径流水流入端设置均匀布水系统，以确保农田排水均匀进入缓冲带。在缓冲带靠近农田一端，按照来水量和来水方式，通过挖沟和敷设砖块，建立均匀布水系统，引导农田排水均匀进入缓冲带系统，以最大限度地利用缓冲带对径流污染物的净化能力。均匀布水系统布水槽平行于河流，有效截面尺寸为深15～20cm、宽30～40cm。布水槽靠河道一边为出水端，与缓冲带地表齐平，另一端高出地面约5cm，确保径流水均匀地流向河道一侧。

⑤按照缓冲带功能分区种植选定的缓冲带植物，确保其成活率。植物搭配依径流水流向依次按照草本、灌木以及水生植物进行，就种植方式而言，在不破坏原生植被的基础上，可以采取多样化的种植模式，譬如草皮可以采取单纯种植和混种的模式，以呈现不同的景观。

⑥关闭径流水直排入河口，将排水渠来水引导进入缓冲带，经缓冲带入河。封闭排水入河口，对区域所有的农田排水沟渠和其他自然形成的排水渠进行引流，就近引导至缓冲带布水系统。

⑦合理设置一定规模的初期暴雨蓄积塘，稳定后经缓冲带入河。为了减轻初期雨水高污染负荷的影响，在土地资源允许的情况下，设置相应规模的暴雨蓄积塘，水质稳定后经缓冲带入河。

（2）工程投资

根据2008年材料价格及人工价格，按照建缓冲带宽度为10m估算，平原感潮河网地区每公里缓冲带的建设费用为20万～30万元。

5. 运行维护

由于缓冲带本体直接建设在土地上，所以该技术占地面积较大。因为营造近自然的生境，所以经过合理搭配构建的缓冲带系统无需过多维护。

6. 技术特点

本工程简单实用，建成后免维护，可操作性强。农业面源污染不可能从源头上无限制地减少，该方法属于农业面源污染的末端治理方法，具有很多优点。

①缓冲带能有效截留农田径流污染物，进而改善河流水质；

②滨岸缓冲带提供良好的生物栖息地功能，能有效提高区域生物种类和生物量；

③缓冲带植被能有效改善土壤质量，有利于土壤生态系统功能，尤其是物质循环功能的充分发挥；

④通过合理的植物群落的构建和配置，提高了区域物种丰富度，具备良好的景观功能；

⑤缓冲带植被在提高土壤抗侵蚀能力、防止土壤侵蚀方面都有一定的作用，提高了固土护坡的能力，具有良好的水土保持功能。

专题二

农村生活污水处理技术模式与案例

一、我国农村生活污水处理技术模式

1. 技术概况

我国农村生活污水处理技术研究和应用起步较晚，现有的处理技术主要是基于市政污水处理技术基础之上的改进和集成，治理目的主要是达标排放，减少污水对水体的污染和富营养化，部分集镇集中式污水处理设施兼顾湿地景观、生态环境等功能。

2. 技术分类

按照处理机理可以分为物理技术、化学技术、物理化学技术、生物技术等，物理技术主要用于分离和去除污水中不溶于水的污染物，达到净化水质的目的，如过滤、隔油、沉淀等；化学技术主要是通过在污水中加入一定的化学药剂，使水体中的污染物质被除去或被回收利用，如中和、氧化还原、电解等；物理化学技术主要是通过物理化学方法进行污水处理，除去水体中污染物的方法有混凝、吸附、离子交换、萃取、汽提、膜分离等；生物处理技术主要是运用生物处理方法，去除污水中呈溶解状态或胶体状态的有机污染物，依据处理过程中有无氧气的参与，生物处理技术主要分为好氧、缺氧、厌氧3种处理方法。

按照污水收集处理方式可以分为分散处理与集中处理两种模式。分散处理模式，即将农户产生的污水按照一定的分区进行收集，一般以居住集中且稍大的村庄或相近的村庄联合在一起，对每一分区的污水单独进行处理；集中处理模式是将村庄范围内农户产生的污水通过一定的方式（如排水管网）统一收集起来，集中输送到污水处理厂或者统一建设一个污水处理设施来处理居住区全部的污水。

3. 模式选取

农村生活污水连片处理技术模式选取需综合考虑村庄布局、人口规模、地形条件、现有治理设施等，结合新农村建设和村容村貌整治，参照《农村生活污染防治技术政策》（环发[2010]20号）、《农村生活污染控制技术规范》（HJ 574—2010）等规范性文件。

污水收集系统建设，需考虑以下因素：①污水排放量≤0.5m³/d、服务人口在5人以下的农户，适宜采用庭院收集系统；污水排放量≤10m³/d，服务人口在100人以下的农村适宜采用分散收集系统；地形坡度≤0.5%，污水排放量≤3 000m³/d，服务人口在30 000人以上的平原地区宜采用集中收集系统。②人口分散、气候干旱或半干旱、经济欠发达的地区，可采用边沟和自然沟渠输送；人口密集、经济发达、建有污水排放基础设施的地区，可采取合流制收集污水。③位于城市市政污水处理系统服务半径以内的村庄，可建设污水收集管网，纳入市政污水处理系统统一处理。④收集系统建设投资与污水处理厂（站）建设投资比例高于2.5∶1的地区，原则上不宜建设集中收集管网。同时，污水收集系统需合理利用现有沟渠和排水系统。

污水处理设施建设，需考虑以下因素：①村庄布局紧凑、人口居住集中的平原地区，宜建设污水处理厂（站）、大型人工湿地等集中处理设施，其中服务人口大于30 000人的集中处理系统，宜建设采用活性污泥法、生物膜法等工艺的市政污水处理设施，服务人口小于30 000人的集中处理系统，宜建设人工湿地等处理设施。②布局分散且单村人口规模较大的地区，适宜以单村为单位建设氧化塘、中型人工湿地等处理设施。③布局分散且单村人口规模较小的地区，适宜建设无（微）动力的庭院式小型湿地、污水净化池、小型净化槽等分散处理设施。土地资源充足的村庄，可选取土地渗滤处理技术模式。④丘陵或山区，宜依托自然地形，采用单户、联户和集中处理结合的技术模式。

4．适用范围

农村生活污水分散处理模式一般选择低成本、低耗能、易维修、高处理效率的污水处理设备或者技术组合，在污水分户或分片收集后，采用中小型污水处理设备或自然处理等形式处理村庄污水。该类技术模式具有布局灵活、施工简单、管理方便、出水水质有保障等特点。适用于村庄布局分散、规模较小、地形条件复杂、污水不易集中收集的村庄。目前，我国有关环境保护的工作和科学研究较多，人们针对不同的村落和人口规模，根据不同的地理环境要求，研制了一批适合各地分散处理农村污水的工艺和技术，为新农村建设提供了可靠的技术支撑。

农村生活污水集中处理模式一般通过环境工程措施来加强对污水的处理效果，在处理过程中往往也采用厌氧 - 好氧等组合技术，常见的有自然处理、常规生物处理等工艺形式，适用于农村布局相对密集、人口规模较大、经济条件好、村镇企业或旅游业发达、处于水源保护区内的单村或联村污水处理。该类技术模式具有占地面积小、抗冲击能力强、运行安全可靠、出水水质好等特点。

5．应用现状

我国从20世纪80年代开始开展生活污水处理技术的推广应用工作，厌氧沼气池、人工湿地处理技术、地下土壤毛管渗滤法、稳定塘等得到应用。此外，小型污水一体化处理设备在农村地区推广较快，整个设备可以放于室内或埋入地下，设备运行不需要采暖，结构紧凑，易于安装调试。然而，我国高效的农村水污染防治技术并未得到大范围的推广和应用，主要是因为各项技术的区域针对性不足、适宜性不强，且我国当前需要投资少、工艺简单、运管方便的农村生活污水处理技术。

二、农村生活污水连片处理技术案例

（一）浙江省安吉县太阳能微动力A²/O处理技术案例*

1．工程概况

工程位于浙江省安吉县良朋镇西亩村。良朋镇属亚热带海洋性季风气候，年平均气温15.5℃，平均降雨量1 405mm，无霜期225d，光照充足，气候温和，四季分明。

工程设计处理规模为20t/d。工程占地面积40m²，受益60余户，约210人。设计处理后出水达到《城镇污水处理厂污染物排放标准》（GB 18918—2002）的一级B标准（表8）。

表8 设计出水水质表   单位：mg/L

污染物指标	COD_{Cr}	BOD_5	SS	NH_3-N	TP
进水	350	150	200	35	4
出水	60	20	20	8(15)	1

注：括号外数值为水温＞12℃时的控制指标，括号内数值为水温≤12℃时的控制指标，下同。

2．技术原理

污水经"厌氧—缺氧—好氧"处理后进入二沉池沉淀，再进入人工湿地进行深度处理。该技术以太阳能为能源，利用太阳能光电转换技术，为农村生活污水处理中的增氧曝气、搅拌、回流等提供动力，实现废水深度处理。同时，将设备运行管理智能化，远程监控，实现无人值守，以适应农村基层缺乏专业技术管理人员的实际情况。

3．工艺流程

村庄生活污水和养殖污水经格栅过滤后，在厌氧池和缺氧池内进行厌氧发酵，经初步处理的污水进入由太阳能提供动力的好氧池，进行增氧曝气、搅

＊ 本案例素材由浙江省环境保护厅提供。

拌、回流等过程，最终进入人工湿地经深度处理后达标排放（图9）。

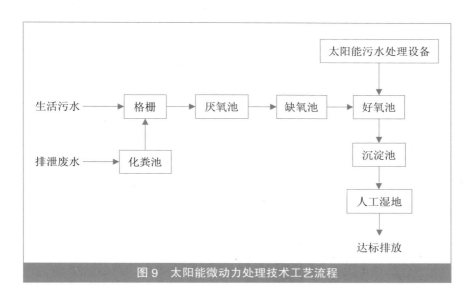

图9　太阳能微动力处理技术工艺流程

4．主要参数

（1）构筑物

工程设计规模为20t/d，占地面积约40m²，铺设管网1 000m。项目主要涉及两项内容，一是土建工程，包括集水井、生化处理池、人工湿地、设备基础的建设；二是排水管网工程，包括主干管、支管及集水井的建设。主要设计参数如下：

集水井为0.76m×0.76m×1m；生化处理池为3.6m×7m×2m；人工湿地为3.6m×3.5m×1m；设备基础为1.2m×2.1m。排水主干管铺设400m，排水支管铺设600m，塑料集水井80个。

（2）工程投资

该工程投资金额49.43万元，其中土建构筑物3.15万元，包括生化处理池2.52万元、人工湿地0.38万元等；设备及安装工程8.28万元，主要包括太阳能污水处理机7万元、管道及电缆0.1万元等；排水管网工程38万元，包括主干管

16 万元，支管18 万元和塑料集水井4 万元。

5. 运行维护

①定期抽取沉淀池的有机质底泥，堆肥处理，熟化后作为有机肥利用。

②进水井清理宜经常进行。

③太阳能电池板的日常检查。

日常检查是每个月进行一次外观检查，检查项目见表9。检查原则上在地面上进行。若发现异常，向供货商或专业技术人员（与配电有关的电气技术人员）咨询。

表 9　太阳能微动力生活污水处理系统检查项目

检查对象	外观检查
太阳能电池板阵列	表面有无污物、破损
	支架是否腐蚀、生锈
	外部布线是否破损
接线箱	外壳是否腐蚀、生锈
	外部布线是否破损
功率调节器（包括逆变器，系统保护装置，控制器）	外壳是否腐蚀、生锈
	外部布线有没有损伤
	工作时声音是否正常，有无异味产生
	换气口过滤网是否堵塞
	安装环境（是否有水、高温）
接地	布线是否损伤
发电状况	通过显示装置了解是否正常发电

6. 技术特点

①对传统农村生活污水处理工艺进行了革新，引入太阳能这一清洁能源，且管理方便、可远程监控。

②系统结构紧凑、占地面积小，大大节省了土地资源，有效防止了土地资源的浪费。

③采用太阳能绿色能源，符合国家产业政策，并明显降低运行成本。

④采用微电脑全自动控制系统和远程通讯，与常规微动力处理工艺相比，运行费用低、运行管理方便，出水水质稳定。

图10为良朋镇西亩村太阳能污水处理系统图。

图 10　良朋镇西亩村太阳能污水处理系统

（二）辽宁省沈阳市东陵区人工湿地处理技术案例*

1．工程概况

工程位于沈阳市东陵区深井子村。深井子村地处中纬度，属于温带湿润大陆性季风气候，四季分明，寒冷期长，雨热同期，干冷同季，降雨充沛，温度适宜，光照充足。年平均气温为7.4℃，全年无霜期约为153d，年平均降水量705.4mm，全年太阳辐射时数为2 618.6h，属北方长日照区。

---

* 本案例素材由辽宁省环境保护厅提供。

工程设计规模为700t/d。该工程污水经组合工艺处理后COD指标达到《城镇污水处理厂污染物排放标准》（GB 18918—2002）中一级B标准，即小于60mg/L，其他指标均满足农田灌溉水的基本要求（表10）。

表10　设计进出水水质

污染物指标	pH	SS/(mg/L)	BOD$_5$/(mg/L)	COD$_{Cr}$/(mg/L)	NH$_3$-N/(mg/L)
进水	6～9	100	105	220	25～35
出水	6～9	20	20	60	8（15）

2．技术原理

本技术针对典型北方村镇污水水温低，缺乏管道内"预处理"，技术管理水平低等特点，同时结合村镇产业发展与生态建设，采用一级强化预处理与人工湿地组合工艺处理北方村镇的生活污水。

本技术一级强化处理采用水解酸化池，水解酸化处理技术的核心是水解（酸化）单元。水解池为上流式厌氧污泥床反应器的改进型，水力停留时间为2～3 h（与传统的初沉池停留时间相当），能在常温下正常运行，不产生沼气，简化了流程。由于水解池集生物降解、物理沉降和吸附为一体，污水中的颗粒和胶体污染物得到截留和吸附，并在产酸菌等微生物作用下得到分化和降解。水解池改善了污水的可生化性，能够大幅度降低人工湿地系统的负荷。

人工湿地系统采用北方人工湿地，在北方寒冷地区冬季仍能稳定运行。北方人工湿地采用潜流人工湿地，污水从人工湿地的一端进入，在人工湿地床表面下以近水平流方式流动，最后流向出口，使污水得以净化，这种人工湿地系统具有独特而复杂的净化机理，它能够利用"基质—微生物—植物"这个复合生态系统的物理、化学和生物的三重协调作用，通过基质过滤与吸附、植物吸收和微生物分解来实现对废水的高效净化，同时通过营养物质和水分的生物地球化学循环，促进绿色植物生长并使其增产，实现废水的无害化与资源化。废水中的不溶性有机物经过湿地的沉淀、过滤，可以很快被截留下来，被微生物利用，可溶性有机物则通过植物根系生物膜的吸附、吸收及生物代谢降解过程而被分解除去。废水中大部分有机物的最终归宿是被异养微生物转化为微生物体及CO_2和H_2O。

3. 工艺流程

北方农村人工湿地处理技术工艺流程见图11。

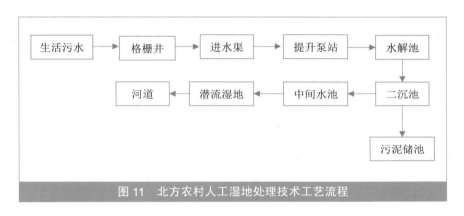

图 11 北方农村人工湿地处理技术工艺流程

4. 主要参数

（1）构筑物

水解池：本池采用矩形结构，分为两个部分，总有效容积为76m³，设计池深4～6m，平均水利停留时间为2～3h，上升速度2.5m/h，池底部设潜水曝气机2台，污泥排放口在污泥层的中上部（即在水面下2～2.5m），水解池的第二段内添加生物载体。

潜流人工湿地：湿地有效面积为1 485m²，总占地面积为1 578m²，设计水力负荷150～5 000m³/（hm²·d），日有机负荷80～120kgBOD/（hm²·d），水力停留时间为2～3d，该系统可终年运行。湿地由3个单元组成，单元尺寸为33m×15m，湿地由湿地防渗膜、湿地植物、集配水系统及倒膜管构成。潜流人工湿地的床体结构为：下部设防渗层，上部有导淤层、净水层、种植层及水生植物。其中，湿地植物主要为芦苇和茭白。

其他设施：包括格栅井、进水渠、提升泵站、二沉池、污泥储池及中间水池。其中，格栅井和进水渠内设置自制的简易格栅，提升泵站和中间水池内各配置潜污泵1个。

（2）工程投资

该技术处理每吨污水的基建成本为1 500～2 500元，通常低于二级生化处理。人工湿地处理$1m^3$生活污水需要占地5～$10m^2$，目前通过强化预处理工艺处理$1m^3$生活污水仅需占地1.5～$5m^2$。人工湿地运行年限为20年。

5．运行维护

（1）日常管理

①根据暴雨、洪水、干旱、结冰期等各种极限情况，调节水位，防止进水端壅水现象和出水端淹没现象；

②植物系统建立后，应根据植物生长状况，进行缺苗补苗、杂草清除、适时收割以及控制病虫害等管理；

③监测人工湿地系统的运行情况，做好人工湿地的保温措施，保证水温不低于4℃；

④定期对处理设施进行清淤。

（2）维护成本

该技术运行维护费用较低，为二级生化处理的1/6～1/5，每处理$1m^3$污水的运行维护费用为0.12～0.35元。

6．技术特点

人工湿地处理技术与常规处理技术相比，有如下几个优点：①可保持较高的水力负荷；②处理效果稳定可靠；③基建投资低，运行费用低；④运行操作简单，不需要复杂的自控系统；⑤适宜处理间歇排放的生活污水，耐污能力强，抗冲击性能好。⑥具有生态服务功能。

本实用技术在兼有上述优点的同时，通过添加低温优势硝化菌，可以有效提高人工湿地的脱氮能力。

虽然人工湿地处理技术有许多优点，但也存在许多不足。主要的问题是：

①土地问题。人工湿地处理技术相对于其他处理技术，占地面积较大，土地费用在投资中占较大比例。②人工湿地脱氮除磷效率不稳定。湿地除磷效率会随着湿地基质吸附电位的饱和而降低；湿地中微生物的硝化/反硝化作用，受湿地中溶解氧浓度及C/N值的影响较大。③在北方极端寒冷时期，人工湿地处理效率会有所降低，出水水质会受到影响。

（三）湖北省武汉市人工生物浮岛污水处理技术案例[*]

1. 案例概况

工程位于湖北省武汉市江夏区胜利村。胜利村地处长江中游南岸，属中亚热带过渡地区，其特点是气候温暖湿润，四季分明，光照充足，雨量充沛，春夏多雨，秋冬干冷，年平均气温16.7℃，年平均降雨量1 350mm，年无霜期253～262d，年日照时数1 954h。

服务人口全村300人。设计出水水质达到《城镇污水处理厂污染物排放标准》（GB 18918—2002）一级A标准（表11）。

表 11　设计出水水质

污染物指标	COD_{Cr}/(mg/L)	BOD_5/(mg/L)	NH_3-N/(mg/L)	TP/(mg/L)	SS/(mg/L)	pH
出水	≤ 50	≤ 10	≤ 5（8）	≤ 0.5	≤ 10	6～9

2. 技术原理

生物浮岛是人工制造的浮体，利用水体空间生态位与营养生态位，人为地把高等水生植物或改良的陆生植物种植到水面浮岛载体上，通过植物根部的吸收、吸附作用和物种竞争相克机理，削减水体中的氮、磷及有机物质，从而达到净化水质的效果。

人工生物浮岛的净化机理表现在三大方面，如图12所示。第一，浮岛上栽

---

* 本案例素材由湖北省环境保护厅提供。

培的植物由于自身生长发育需要从水中吸收营养物质，通过收割植物可以减少水中营养盐；第二，根系表面吸附水中的大量胶体，并逐渐在植物根系表面形成微生物膜，直接吸附和沉降水体中的氮、磷等营养物质；第三，人工生物浮岛通过遮挡阳光抑制藻类进行光合作用，同时在营养盐吸收上浮岛植物生长对藻类形成竞争，从而起到减轻水体富营养化的作用。

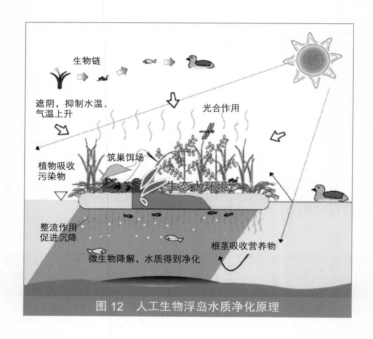

图 12　人工生物浮岛水质净化原理

3. 工艺流程

生活污水经过排水沟收集，自流进入格栅沉砂池进行预处理，除掉颗粒物、沙石和大的杂物后溢流经过配水管流入厌氧滤池，在厌氧滤池内经微生物充分降解后，水中的悬浮物和有机物得到较大程度的去除，再利用重力自流进入人工浮岛区域，污水中的有机物和营养物质在浮岛中的水生植物作用下得到进一步的去除，最后进入生态塘区域继续处理后达标排放（图13）。

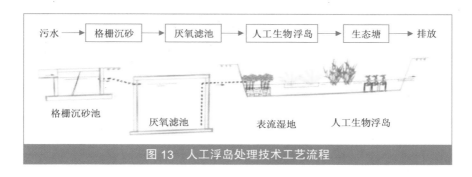

图 13　人工浮岛处理技术工艺流程

4．主要参数

（1）人工生物浮岛

人工生物浮岛可分为有框架和无框架，有框架的湿式浮岛，其框架一般可以用纤维强化塑料、不锈钢加发泡聚苯乙烯、特殊发泡聚苯乙烯加特殊合成树脂、盐化乙烯合成树脂、混凝土、竹子、PVC管等材料制作（图14至图18）。

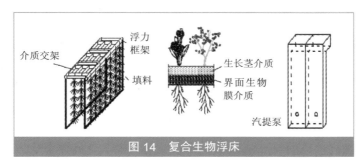

图 14　复合生物浮床

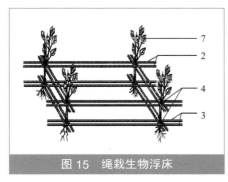

图 15　绳栽生物浮床

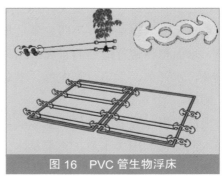

图 16　PVC 管生物浮床

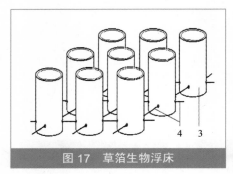

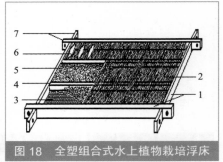

| 图 17　草箔生物浮床 | 图 18　全塑组合式水上植物栽培浮床 |

①浮岛大小和形状。一块浮岛的大小：一般来说边长1～5m不等，考虑到搬运性、施工性和耐久性，边长2～3m的比较多。形状上四边形的居多，也有三角形、六角形或各种不同形状组合起来的。以往施工时单元之间不留间隙，现在趋向各单元之间留一定的间隔，相互间用绳索连接。

②浮岛固定。人工浮岛的水下固定既要保证浮岛不被风浪带走，还要保证在水位剧烈变动的情况下，能够缓冲浮岛和浮岛之间的相互碰撞。水下固定形式要视地基状况而定，常用的有重量式、锚固式、杭式等。另外，为了缓解因水位变动引起的浮岛间的相互碰撞，一般在浮岛本体和水下固定端之间设置一个小型的浮子的做法比较多。

（2）植物选取

第一，选择的植物要适应区域水质条件且为多年生水生植物，具有耐污抗污、治污净化较强的特点；第二，根系发达、根茎分蘖繁殖能力强，即个体分株快、生长迅速、生物量大；第三，选择冬季长绿的水生植物或驯化后的具有景观价值的陆生植物；第四，满足景观空间形态要求，综合岸线景观和湖面倒影、水面植物进行适当的景观组织。满足上述条件的推荐植物有：竹叶菜、豆瓣菜、水芹菜、生菜、美人蕉、旱伞草、千屈菜、香蒲、茭白、香椿、栀子花、柳树。

根据我国《地表水环境质量标准》（GB 3838—2002）中的相关标准，从Ⅴ类水质净化到Ⅲ类水质，需要从水体中去除1mg/L的氮和0.15mg/L的磷。浮床植物对富营养化水体中营养物质（氮、磷）的去除效果见表12。

表 12　植物对氮、磷的吸收量及净化水体量

植　物	吸收量 /（g/m²)		浮床净化水量 /（m³/m²)	
	N	P	N	P
水　芹	29.24	11.514	29.24	76.76
水　稻	118.70	11.06	118.70	73.73
蕹　菜	77.32	10.89	77.32	72.06
香　蒲	32.72	4.42	72.29	47
芦　苇	214.29	17.69	214.29	117.93
美人蕉	33.23	3.66	33.23	24.40

（3）工程投资

人工浮岛处理技术投资相对较少，并可产生一定收益，具有良好的经济效益。以竹叶菜为例，投入成本为 11 元 /m²，年产菜 30 ～ 60kg/m²，产值 60 ～ 120 元 /m²，投入产出比为 1 ∶ 5.45 ～ 1 ∶ 10.9。

5. 运行维护

人工浮岛的运行维护主要是对浮岛植物进行收割及清理的人工费用，以防植物残体给水体造成的二次污染。以叶菜为例，单位面积的维护投入约为 6 元/（m²·a）。

6. 技术特点

人工浮岛的技术特点主要体现在以下几个方面（图 19）：

①在污染现场进行，不受水体深度、透光度和富营养化程度的限制，特别适合湖泊塘堰富营养化的治理；

②费用低廉。相对传统治污技术，生物浮岛工艺可节省 50％以上的建设费用，并且一旦建成之后，不再需要动力等维护费用。此外，某些经济作物（如蔬菜、花卉）可以创造一定的经济效益；

③创造生物的生息空间。浮岛本身具有遮蔽和饲料条件，构成鱼类、鸟类生息的良好生境；

④改善景观。可以通过浮岛种植一些观赏性的植物，营造水体景观；

⑤浮岛上的生物终端产品能产生经济效益，易被治理者和地方政府所接受。

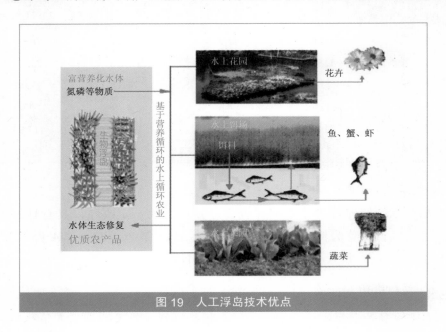

图19　人工浮岛技术优点

（四）浙江省桐庐县好氧高效污水处理技术案例[*]

1. 工程概况

该工程位于浙江省桐庐县桐君街道君山村。桐君街道君山村有农户379户，占地8km²，属亚热带季风气候，四季分明，日照充足，降水充沛，年平均气温16.5℃，年平均降水量为1 552mm，无霜期约258d。

工程设计处理规模为80t/d。污水主要来源于桐庐县君山村所有纳管住户（1 030人）及桐庐县看守所部分生活污水。出水水质按《城镇污水处理厂污染物排放标准》（GB 18918—2002）中一级B标准设计。设计进出水水质见表13。

---

[*] 本案例素材由浙江省环境保护厅提供。

表 13　设计进出水水质　　　　　单位：mg/L

污染物指标	COD$_{Cr}$	BOD$_5$	SS	NH$_3$-N	TP
进水	350	150	200	35	4
出水	60	20	20	8(15)	1
去除率	82.9%	86.7%	90%	71.1%	75%

2．技术原理

农村生活污水流入好氧槽和厌氧湿地槽（无空气流入的兼氧/厌氧槽），其中的有机物、氮和磷等污染物可被生长栖息于各池槽滤材(沙，石子，芦苇根子)上的微生物分解去除。好氧槽主要利用自然通风方式流入空气，污水通过布水堰溢流进入砂砾层，在不同粒径的过滤层中自上而下流动，与槽中分布的大量空气充分接触，保持水中较高的溶解氧浓度。

3．工艺流程

农村生活污水经化粪池处理后进入排水管网，经过格栅去除粗大杂物后自流至过滤池中进行消化分解，去除部分有机物后，自流入好氧人工湿地槽。好氧湿地槽利用自然通风方式来维持好氧条件，进行氧化分解和硝酸化过程去除有机污染物，通过物理化学法除磷；好氧反应槽出水进入厌氧湿地槽，槽内维持兼氧/厌氧条件，进一步消除有机污染物、脱硝、除磷，净化后出水达标排入附近河道。工艺流程如图20所示。

图 20　好氧高效污水处理技术工艺流程

4．主要参数

（1）构筑物

该工程构筑物包括格栅井、过滤池、好氧湿地槽、厌氧/缺氧湿地槽及排放井等，其中好氧湿地槽和厌氧/缺氧湿地槽两个主体构筑物面积均为270m²，出水管管底标高为8.85m（图21）。

图 21　污水处理系统平面布置示意图

（2）工程投资

工程总投资约为153万元，基本无运行维护费用。

5. 运行维护

该技术原则上无需人员值守管理，维护管理频率最小化，低运行维护费用。但考虑实际情况，由指定人员定期巡检，以保证长效运行。

指定管理人员参照以下要求做好维护和管理工作。

（1）水流控制

定期开闭水阀，以便好氧湿地槽中两个片区交替进水，保证植物及微生物生长，同时保证污水处理的最佳效果。如遇大量来水、连续降雨或暴雨等情况，应及时打开两区主阀门，使水流排出，避免格栅井及过滤池满溢。

（2）格栅井清理

格栅井拦截大部分较大的悬浮物或漂浮物，使用过程中极易堵塞，工作人员可根据水量情况，定期或不定期地对栅渣进行清理，保证污水的畅通无堵塞。清掏出来的栅渣应根据当地环保局要求或环卫所要求妥善处置，不得随意抛弃。

（3）过滤池清淤

过滤池在使用过程中会产生少量污泥，每半年对过滤池污泥清理一次，保证过滤池的处理效果。

（4）好氧槽管理

好氧池表面整理，调整布水槽水平；对杂草、布水槽进行清理一年两次。

（5）厌氧槽管理

日常检查水生植物生长、死亡和人为损坏情况。秋冬之交（11月）时收割地上部分，地面留茬高度10cm，以露出多年生冷季植物使其获得光照，或者在10月播种种植冷季植物。

（6）出水井管理

每星期检查出水井出水情况，及时清洗出水井井壁的青苔或沉积物，出现漂浮物应及时清掏去除，确保出水顺畅。

6．技术特点

该技术为生态友好型高效污水处理新技术，是由垂直水流（好氧槽）和水平水流（湿地槽）组成的最高处理效率的混合型高效人工湿地处理技术，具有独特的自然通风特性，解决了农村污水好氧处理中动力设备维护难、运行成本高的难题。

①动力使用最小化。采用自然通风方式进行供氧，不需要人工曝气装置；

②季节适应性最大化。采用温床套，同时在湿地槽表面形成有机物堆积层，起保温作用；

③污泥产生最小化。除了进水沉淀池中有少量固体杂物外基本不产生污泥；

④维护管理频率最小化。无人值守管理，只需定期巡检。器材和主要设备的使用年限为10年以上（半永久性）。

图22为桐庐县君山村污水处理示范工程图。

| a. 工程鸟瞰图 | b. 进出水感官对比 |

图22 桐庐县君山村污水处理示范工程

（五）辽宁省大连市旅顺口区膜生物反应器技术案例[*]

1. 案例概况

工程位于大连市旅顺口区袁家沟村。袁家沟村地处北海街道西北端，一面临海，三面环山，风景秀丽，区域面积6.23km²。兼有大陆和海洋性气候双重特点，一年四季变化较为明显，空气湿润温和，降水比较集中，冬无严寒、夏无酷暑，基本呈现"春早夏晚、秋先冬迟"的特征，年平均气温10℃，年平均相对湿度66%，无霜期186d，日照时数可达2 700h。

工程设计处理规模为10t/d。工程设计服务居民35户。出水水质按《城镇污水处理厂污染物排放标准》（GB 18918—2002）中一级A标准设计。主要污染物指标值详见表14。

表14 设计出水水质　　　　　　　　单位：mg/L

污染物指标	COD$_{Cr}$	BOD$_5$	SS	NH$_3$-N	TP
出水	50	10	10	5(8)	0.5

---

*本案例素材由辽宁省环境保护厅提供。

2．技术原理

采用生物降解基本原理构建生物处理的复合生物反应系统，以简单的工艺流程，实现微生物增殖、代谢，经过氧化、硝化、反硝化、除C、脱N、脱P等过程，使高浓度的有机废水转化成简单的无机物，如N_2、CO_2、H_2O等，处理后的水经过中空纤维膜净化成中水再进行回用（图23）。

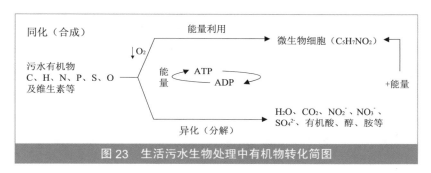

图 23　生活污水生物处理中有机物转化简图

3．工艺流程

本工艺中原水先经过污水收集调节池中的细格栅处理，去除水中较大的悬浮物和固体物质，之后进入HBR生物反应系统进行水质、水量的调节，然后在生化膜反应池中进行处理，经过自吸泵后排放或回用绿化灌溉、冲厕（图24）。该工艺较传统工艺占地省、出水水质稳定、运行管理简便，大大节省了人力和物力资源。而且集生物降解、沉淀、过滤等为一体，减少了设备，可使运行成本降低，故障点减少。

4．主要参数

（1）构筑物

该工程的主要构筑物包括细格栅、调节池、HBR生物反应器、曝气泵等，具体参数如下：

细格栅：用细格栅去除污水中较大颗粒的杂质，防止泵的阻塞和损伤，减轻负荷。因来水为生活污水，水质较好，格栅采用无动力式，截留下来的污物沿格栅弧面下滑至下部渣斗，渣斗底部有箅子，污物在渣斗中沉积，所含水分

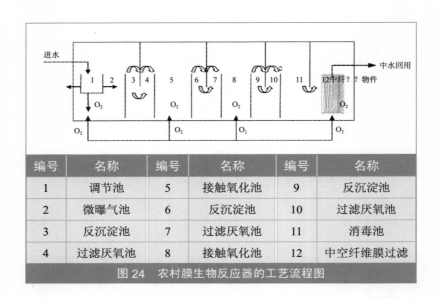

编号	名称	编号	名称	编号	名称
1	调节池	5	接触氧化池	9	反沉淀池
2	微曝气池	6	反沉淀池	10	过滤厌氧池
3	反沉淀池	7	过滤厌氧池	11	消毒池
4	过滤厌氧池	8	接触氧化池	12	中空纤维膜过滤

图24　农村膜生物反应器的工艺流程图

由箅子自流入调节池。

调节池：调节池用以调节水量、均化水质，使后续处理工艺在相对稳定的条件下工作，同时调节池中风机曝气除臭降温，还可防止悬浮物沉积。调节池有效水深2m，有效容积为3m^3，出水溢流至HBR。

HBR生物反应器：HBR生物反应系统包括七个独立的小单元，经过调节池后的污水直接进入HBR生物反应器，经过三级厌氧、三级好氧，逐级氧化分解污水，每个沉淀池内产生的少量未完全分解的大分子化合物回流于HBR生物反应器的进水处，重新经过此流程的二次分解达到理想效果，处理后的污水经过生化过滤膜池，利用膜丝内腔的抽吸负压来运行。

曝气泵：微曝气过程在提供微生物生长所必需的溶解氧之外，还使上升的气泡及其产生的紊动水流清洗膜丝表面，阻止污泥聚集，保持膜通量稳定，设计气水比为8∶1。经过HBR处理系统的出水由自吸泵抽送至储水池（清水池），进行中水循环使用，用于绿化灌溉、清洁冲厕等。

（2）工程投资

农村膜生物反应器处理工程总投资为15万元，详见表15。

表 15　膜生物反应器处理设施及成本

序号	名　称	型　号	单位	数量	总价／万元	备　注
1	构筑物				1.7	
1.1	设备间	JS-SBJ01	m²	12.5	1.7	轻钢结构日本铝金属雕花板
2	设　备				10.7	
2.1	格　栅	XX/ZF-15	台	1	0.2	不锈钢材质
2.2	曝气泵	FS-380	台	2	0.5	日本富士
2.3	吸引泵	PW-175EA	台	1	0.1	德国威乐
2.4	曝气器	PQ120	个	15	0.22	国产优质
2.5	加药箱	R=100L	台	1	0.08	国产优质
2.6	填　料		m³	12	0.1	蓝水
2.7	加药泵	ES-B11	台	1	0.25	易威奇
2.8	HBR 生物系统	JS-50	套	1	2.45	金水专利设备
2.9	专用微生物菌剂	JS-WS-101	L	170	0.65	大连金水
2.10	中空纤维素膜	SUR334	组	2	1.4	日本三菱
2.11	管式膜	GmbH	组	9	3	德国 Membranes Modules Systems 公司
2.12	配电控制柜		台	1	1.5	国产优质
2.13	仪表等计量器		套	1	0.25	国产优质
3	材料及安装费				1.39	
3.1	设备安装费		包括材料配件		0.54	按设备费的 5% 计
3.2	管道及安装费		包括材料配件		0.54	按设备费的 5% 计
3.3	电器及安装费		包括材料配件		0.32	按设备费的 3% 计
4	工程费				13.79	1+2+3
5	设计费				0.41	按工程费的 3% 计

(续表)

序号	名称	型号	单位	数量	总价/万元	备 注
6	调试费				0.41	按工程费的3%计
7	总造价				14.62	4+5+6

5. 运行维护

该工程运行费用主要包括设备运行过程产生的电费、药剂费等，运行总费用为3 685.5元/a。

电费由表16可知，本工程总装机容量1.39 kW，实际运行容量0.84 kW，实际电耗为17.32（kW·h）/d，按电价0.5元/（kW·h）计，则处理1 t污水的电费为0.28元。

表16 主要设备用电负荷明细

序号	设备名称	装机容量/kW	数量	工作参数	日工作时间/h	日用电量/kWh	备注
1	主送风机	1.1	2	1	22	12.1	一用一备
2	吸引泵	0.29	1	1	18	5.22	
3	合 计	1.39				17.32	

根据上述论述，该污水处理站综合废水处理运行费用为0.87元/m³。

满负荷年运行总费用为：0.87元/m³×10m³/d×360d/a＝3 175.5元/a；药剂费及生物菌剂费510元/a[1.05元/（m³·d），30.15元/月]。

本技术很成熟，生物反应器的生产使用已多年，均在正常运行中，投放的生物菌剂活性很高，需补充的间隔时间在不断延长；设备的膜技术均选用日本和德国的进口材料；该产品设计合理，操作简便，故障率极低，污泥量少，一台污水处理系统至少可使用15～20年。

6. 技术特点

该项目的实施同时也大大地改善了使用用户的周边环境，无异味，无蚊蝇；该产品技术可以达到零排放、零污染、无排泄物排放，真正做到了从源头节水，对周边的土壤也不会造成任何污染，同时经过微生物分解的高浓度有机粪便出水水质达到《城镇污水处理厂污染物排放标准》（GB 18918—2002）三级标准，可回用冲厕，或用于灌溉、绿化等方面，有利于增强地力，减少了化肥、农药等的使用，而且大大节约了淡水资源，有效地缓解了水资源严重不足问题。单元式生物反应器与膜技术的移动污水处理站在性能上达到：

①污水从源头治理，达到污水零排放，全封闭处理，无二次污染；

②微曝气系统和具有特色的复合生物菌剂，氧化和酵解效果好，污泥产生量少，清除周期长；

③污水收集、处理和资源回收利用全部在小范围（30～50户）的服务区内进行，处理后水可直接用于本区绿化灌溉、冲厕或做景观用水等；

④启用两组膜组件进行超滤，既提高了中水的质量，又能防止纤维素膜的阻塞，系统回路短，减少故障和维修范围；

⑤污水处理站的设计合理，移动式便于污水处理站的建设，并克服了建设中存在的"先污染后治理"的弊病；

⑥单元式生物反应器与膜技术的移动污水处理站为污水治理提供了一种低费用、低能耗的处理技术，相对于高投入和复杂的管网集中式污水处理方式而言，前者在技术和经济上都具有绝对的优势。

（六）浙江省长兴县PEZ高效污水处理技术案例*

1. 案例概况

该工程位于浙江省长兴县二界岭乡北部清东涧新村。该乡属北亚热带东南季风气候区，温暖湿润，雨量充沛，四季分明。全县年平均气温15.8℃，历史极端最低气温－13.9℃，极端最高气温39.3℃，无霜期长达239d，年平均降水量为1296.3mm，降雨多集中在3—9月。

工程设计处理规模为18t/d。服务人口数为350人。集中式生活污水处理系

---

* 本案例素材由浙江省环境保护厅提供。

统各单元设计预期处理效果见表17。

表 17　系统各单元预期处理效果表

参数预测位置		COD$_{Cr}$	BOD$_5$	SS	NH$_3$-N	TP
污水进水	浓度 /（mg/L）	≤ 350	≤ 150	≤ 200	≤ 30	≤ 4
缓冲池出水	浓度 /（mg/L）	150	60	100	30	4
	去除率 /%	60	60	50	—	—
PEZ 系统出水	浓度 /（mg/L）	≤ 50	≤ 10	≤ 10	≤ 5	≤ 0.5
	去除率 /%	65	80	90	80	85

2．技术原理

该技术是集玻璃钢成套设备、复合式填料与曝气系统于一体的高效污水处理系统。技术关键点是微生物容易附着并且易于流化的悬浮生物载体，内部孔隙度高，比表面积大，吸附能力强，微生物易于附着，氧气利用率较高。

良好的生长环境和充足的营养物质使微生物在悬浮载体的表面不断生长繁殖而形成生物膜，生物膜中微生物分泌的多糖胞外酶的吸附作用进一步增强了其吸附有机污染物的能力和效果。由于各种生理习性不同的微生物同时作用，使吸附在悬浮载体上的有机污染物降解或矿化成低分子化合物或 CO_2 等；吸附在孔洞内 NH_4^+ 离子被硝化菌硝化处理，磷作为营养物质被好氧微生物吸收，在生物膜死亡后以生物污泥的形式沉积在设备底部，通过排泥排出体系，实现除磷。

3．工艺流程

生活污水经化粪池简单处理后进入排水管网，来自收集管网的污水经过格栅检查井去除较大颗粒后自流进入缓冲池进行生化处理，经生化去除部分有机物后，降低污水有机物浓度并将污水中大分子有机物分解为小分子有机物，提高污水的可生化性，自流入PEZ系统进一步降解污水中的有机物，去除氮、磷等污染物，出水经排水监测井就近排入河道（图25）。

图 25 PEZ 高效污水处理技术工艺流程

4．主要参数

（1）构筑物

工程设计以地耐力80kN/m²计，主要的构筑物为格栅井、集水井、缓冲池、PEZ处理系统和总排口监测井。

格栅检查井：采用砖混结构，设计尺寸为0.6m×0.6m×0.7m，内部设置人工格栅。

缓冲池：采用砖混结构，设计水力停留时间约0.5d，总有效容积8m³，设计尺寸为2m×2m×2m。

PEZ处理系统：采用玻璃钢结构，设计尺寸为6m×4m×2m，总有效容积为45m³，内部填充复合式填料，并铺设布水管和曝气管。

（2）工程投资

工程投资概算内容包括污水站内各构（建）筑物、平面、设备、管道等项目，污水处理系统工程直接费用为76.76万元（表18）。

表 18 污水处理系统土建部分价格概算表

序号	名称	单位	数量	单价／万元	总价／万元	备注
1	分户检查井	个	100	0.077	7.7	窨井盖材质为塑钢
2	主管网检查井	个	23	0.12	2.76	
3	管道	m	1 600	0.023	36.8	加筋管
4	PEZ 系统	套	1	20	20	玻璃钢
5	太阳能动力系统	套	1	9.5	9.5	
	合计	—	—	—	76.76	

5．运行维护

该工程无人值守，自动运行，便于日常管理和维修，动力费约 0.07 元 /t。格栅类型采用人工格栅，要求运行后定期清渣，技术管理兼维护人员 1 名，年工资 5 000 元。

6．技术特点

PEZ污水处理设备集去除COD$_{Cr}$、BOD$_5$、NH$_3$-N、P等污染物质及水体营养物质于一身，具有技术性能稳定可靠，处理效果好，施工简单、投资及运行费用低，占地面积少，维护管理方便等优点，且该系统可以实现景观优美的视觉效果，非常适合该村生活污水的处理。

（1）外形美观

装于小区草坪或灌木丛内，与周围自然景观融为一体。

（2）全自动控制

无人值守，自动运行，既便于日常管理又便于维修保养。

（3）工艺性能稳定可靠

出水水质优良。出水主要指标达到《城镇污水处理厂污染物排放标准》（GB 18918—2002）一级标准。可以作为景观水、绿化灌溉水而实现中水回用。

（4）设备使用机动灵活

根据污水量可单台使用，也可多台并联组成小型污水处理站。可集中放置，也可多点分散放置，分别处理各个排污点。多台并联使用时，可开启全部设备，也可开启一台或几台设备。如旅游景区，旺季时全部运行，淡季时只开启一台；或新建的住宅小区，刚入住时人员较少可以开启一台，住满后再全部开启，既节能又便于管理。

（七）北京市无动力生物净化槽处理技术案例

1．案例概况

目前已有百余套设备在北京小流域综合整治、社会主义新农村建设等多个领域成功运行。下面是部分使用地点：①北京市门头沟区黄台、樱桃沟、大台、淤白等10余处污水处理系统。②延庆县四海镇10余处村庄污水处理与回用工程。③2006年、2007年、2008年北京社会主义新农村建设污水处理工程，包括平谷、昌平、延庆、门头沟等区县。

进水主要为生活污水，也可以接纳雨污合流排水，主要涉及进水和出水水质指标见表19。

表 19　无动力生物净化槽设计进出水质　　　　　单位：mg/L

项目	COD_{Cr}	BOD_5	SS
进水水质	400	200	100
出水水质	50	15	30

2．技术原理

利用自养型厌氧微生物在无氧环境下降解废水中的溶解性有机物及部分非溶解性有机物，通过氨氧化过程实现脱氮，分解后的主要产物是：CO_2、CH_4、H_2O、N_2及厌氧微生物菌体等。以厌氧生物滤池技术开发的无动力式生物净化槽解决了中低浓度污水系统中厌氧菌的增殖和维持难题，通过标准化制造和预置颗粒污泥解决了污水处理设施设计、安装、启动、维护对专业技术和经验的要求。具有能耗低、去除率高、运行费用低和易于操作管理的优点。无动力式生物净化槽是基于传统的厌氧技术开发的适应城市污水处理的工艺方法，具有厌氧处理方法的优点。

3．工艺流程

无动力式生物净化槽污水处理流程如图26所示。

---

* 本案例素材由北京市环境保护局提供。

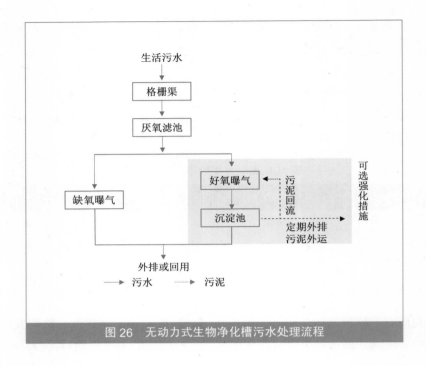

图26　无动力式生物净化槽污水处理流程

4．主要参数

（1）构筑物

该工程主要包括设备主体、补水系统、生物填料、沼气排放装置、种泥、一体化玻璃钢制成压井盖、进水调节阀、排泥排空装置、不锈钢标配格栅及配套设施图集。具体设备参数见图27、图28。

日处理能力20t的标准罐体外形尺寸为Φ2.6mm×6mm，详见图27、图28。

（2）工程投资

无动力生物净化槽污水处理工程建设费用详见表20。

表20　无动力式生物净化槽投资

序号	日处理量/(m³/d)	设备费用/万元	建安费用/万元	合计/万元
1	10	15	1.5	16.5
2	20	24	1.9	25.9
3	30	31.6	2.93	34.53
4	40	38.8	3.53	42.3
5	50	45.6	4.05	49.65
6	60	51.2	4.8	56
7	80	63.5	5.4	68.9
8	100	70.2	6.75	76.95
9	160	102.6	7.8	110.4
10	200	122.4	10.2	132.6

注：①无动力生物净化槽的建安费用包括配套的格栅渠、设备基础、回填土及绿化费用，以及设备安装费。
②土方开挖费用按照无爆破土石方时的机械开挖情况计算，基础费用按普通基础估算，没有考虑施工降水及特殊基础处理费用。

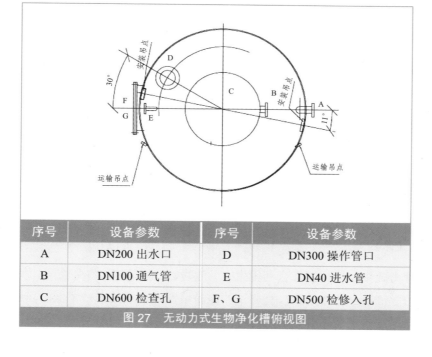

序号	设备参数	序号	设备参数
A	DN200 出水口	D	DN300 操作管口
B	DN100 通气管	E	DN40 进水管
C	DN600 检查孔	F、G	DN500 检修入孔

图27　无动力式生物净化槽俯视图

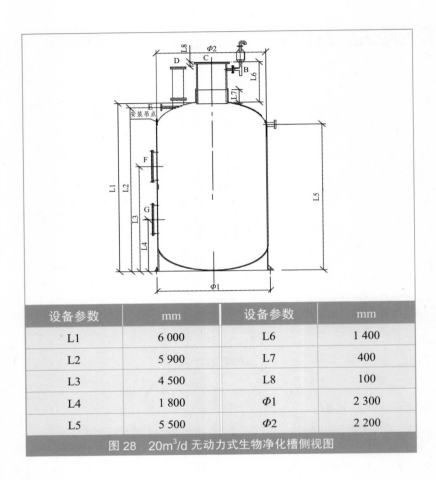

设备参数	mm	设备参数	mm
L1	6 000	L6	1 400
L2	5 900	L7	400
L3	4 500	L8	100
L4	1 800	$\Phi 1$	2 300
L5	5 500	$\Phi 2$	2 200

图 28　20m³/d 无动力式生物净化槽侧视图

5．运行维护

整个设施除厌氧处理设施的维护主要是定期对格栅进行清理，无需外接动力和药剂，6年左右排一次剩余污泥。使用年限大于20年。

6．技术特点

无动力式生物净化槽综合利用生态、生物、工程措施，将生物学、水力学、空气动力学等技术巧妙结合，克服了滤池易堵塞、厌氧处理效率低的问题。

①出水水质优良，主要指标达到北京市《水污染物排放标准》（DB11/307—

2005）一级B排放标准。

②能适应水质水量在极大范围内波动，以及四个月之内断流、停水等极端现象。

③不用电，不用药剂，无直接运行费用，免值守维护。

④无噪声，无剩余污泥排放。自然通风跌水充分，去除臭味。

⑤不用建设设备间和管理用房。

⑥可地埋式安装，覆土绿化，与周围景观及水道融为一体。

⑦结构简单，实施方便。

（八）湖南省长沙市四池净化系统处理技术案例*

1. 案例概况

工程位于湖南省长沙市长沙县。长沙县总面积1 997km²，属亚热带季风气候，四季分明，全年无霜期约275d，年平均气温16.8～17.2 ℃，年均降雨量1 422.4mm。

长沙县开展分散型农户生活污水处理工程建设，现已完成148个村共计4万多户农户的家庭生活污水处理工程，共建四池净化系统41 771个，开展农村生活污水处理的行政村达45%以上。

2. 技术原理

四池净化系统是针对单户或联户生活污水的处理，形成的一套成熟的厌氧生物处理技术与复合生态床相结合的处理方法。四池净化系统是生物生态组合技术，相当于在厌氧生物处理系统的基础上增加人工湿地处理单元，从而进一步提高出水水质，整个系统由四个处理单元构成：单元一为污水收集池，收集来自厨房、洗衣、厕所等处产生的生活污水；单元二为厌氧发酵池，对污水中的有机物进行厌氧处理；单元三为沉淀池，一方面去除污水中的颗粒态污染物，同时可以防止后续湿地单元的堵塞；单元四为植物土壤渗滤系统，为一个

---

* 本案例素材由湖南省环境保护厅提供。

小型人工湿地，利用植物吸收、根系微生物的降解作用实现污染物的去除。

3．工艺流程

根据各户地形用管道将生活污水收集至第一池集水池，进行水量收集、匀化，主要作用是对污水进行厌氧发酵，沉降较大颗粒污染物质，降低污水污染负荷；第二池为厌氧发酵池，主要作用是通过厌氧发酵对污水中有机污染物进行有效降解；第三池为沉淀池，主要作用是进行颗粒沉淀，防止后续工艺-人工湿地堵塞；第四池为植物-土壤渗滤池，主要作用是利用微生物的代谢、湿地植物的吸收、土壤颗粒、植物根茎、各类微生物吸附作用，截留净化生活污水中的COD、N、P等有机物污染物，使出水口水质达到排放标准。

由于所处理的污水中含有来自厕所的粪便污水，悬浮物浓度较高，因此对污水首先进行沉淀处理，以使污水中大部分的悬浮态污染物（包括粪渣、寄生虫卵等）得以去除。在收集池中，污水组分因比重不同可自然分为3层，上层为糊状粪皮，下层为块状或颗粒状粪渣，中层为比较澄清的污水。初步发酵的中层粪液经过粪管溢流至厌氧发酵池，将大部分未经充分发酵的粪皮和粪渣留在收集池内继续发酵。经过收集池和厌氧发酵池的处理，污水的可生化性得到提高，通过沉淀池处理去除悬浮物后，污水进入人工湿地进一步去除有机物及N、P等营养物质。

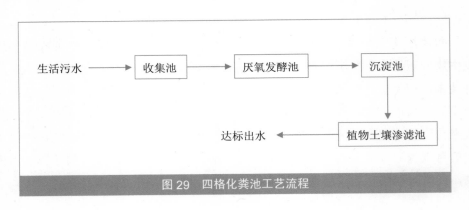

图29　四格化粪池工艺流程

4．主要参数

（1）构筑物

四池净化系统宜设置在庭院中便于清掏污泥的位置。为保证处理池的防渗性能，池体采用砖混结构、混凝土烧注或玻璃钢材料，上覆钢筋混凝土盖板。人工湿地出水口应便于农户自行取水回用。具体参数如下：

人工湿地填料深度设计为0.5m，采用多层填料：底层0.1m为$\Phi20\sim\Phi50$的石子，可起到均匀布水的功能；第二层0.1m为$\Phi10\sim\Phi30$的碎石；第三层0.15 m为粗砂、细砂或炉渣；最上层0.15m为活土层（采用湖南当地的红壤）。湿地植物的选择综合考虑了其耐污能力、生态效应和景观效果，选择湖南当地的水生和湿生植物，如美人蕉、玉簪、麦冬草、香莆、鸢尾、芦竹等，种植密度选择5株/m^2。

每户内部平均建设8m左右的管道，分别收集来自厨房、厕所和洗衣产生的污水，然后再通过污水处理系统出水口到受纳水体、沟渠或农田。管道采用UPVC排水管材，为防治堵塞，管道规格选择DN75～DN110。

四池净化系统工程布局如图30所示。

（2）工程投资

根据当地实际估算四池净化池建设成本大约为3 500 元/套。

5．运行维护

本技术利用地理自然落差布水，系统运行无动力消耗，除了正常的约1年1次的清理，运行中基本免维护。

6．技术特点

①本技术基建投资、运行成本、维护要求均比较低，适合单户家庭的生活污水处理；

②四池污水处理系统工艺经过大量实践，工艺较成熟，运行及处理效果稳定；

③与湿地系统搭配，提高污水处理效果，美化农村环境；

④占地小、严密性好不渗漏、组装快捷、维护方便、使用寿命长。

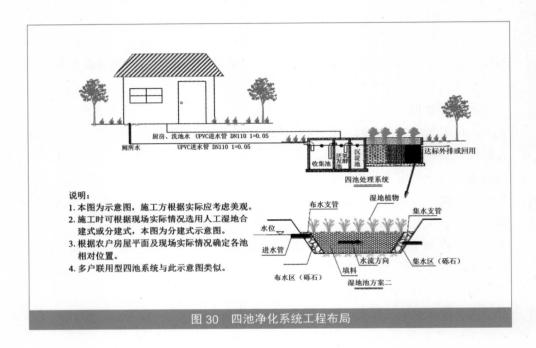

说明:
1. 本图为示意图,施工方根据实际应考虑美观。
2. 施工时可根据现场实际情况选用人工湿地合建式或分建式,本图为分建式示意图。
3. 根据农户房屋平面及现场实际情况确定各池相对位置。
4. 多户联用型四池系统与此示意图类似。

图 30　四池净化系统工程布局

农村生活垃圾处理技术模式与案例

一、农村生活垃圾处理技术模式

1. 技术概况

我国农村生活垃圾收运处理技术主要是沿用市政生活垃圾管理模式，重点关注末端处理处置环节，对于源头减量和过程控制环节的技术方法研究和应用不足。目前，农村生活垃圾处理的目的是美化村庄，提升村容村貌，还未提升到分类资源化利用的高度，仅有部分村镇尝试采用生活垃圾分类就地资源化利用技术模式。

2. 技术分类

我国长期以来采用城乡分治模式，导致针对农村地区的生活垃圾收运处理技术研究严重不足，当前采用的技术模式相对单一，按照最终处置去向可将生活垃圾收运处理技术分为两类。一类是"村收集、镇转运、县处理"的城乡一体化运管模式，依托自然村和中心村设置户用垃圾桶、公共垃圾桶、垃圾收集池等垃圾收集系统，依托乡镇建设垃圾转运站、购置垃圾转运车辆，依托县生活垃圾填埋场达到处理处置的目的。另一类是基于户分类基础上，就地资源化利用的技术模式，该类模式受末端综合利用处理设施的影响差异化较大，主要

57

包括有机垃圾堆肥处理技术模式、可燃垃圾气化技术模式等。

3. 模式选取

农村生活垃圾连片处理技术模式选取，需综合考虑村庄布局、人口规模、交通运输条件、垃圾中转和处理设施位置等，推行垃圾分类，同时参照《农村生活污染防治技术政策》（环发[2010]20号）、《农村生活污染控制技术规范》（HJ 574—2010）等规范性文件。

对于建有区域性生活垃圾堆肥厂、垃圾焚烧发电厂的地区，需优先开展垃圾分类，配套建设生活垃圾分类、收集、贮存和转运设施，进行资源化利用。

对于交通不便、布局分散、经济欠发达的村庄，适宜采用生活垃圾分类资源化利用的技术模式，有机垃圾与秸秆、稻草等农业生产废弃物混合堆肥或气化，实现资源化利用，其余垃圾定时收集、清运，转运至垃圾处理设施进行无害化处理。

对于城镇化水平较高、经济较发达、人口规模大、交通便利的村庄，适宜利用城镇生活垃圾处理系统，实现城乡生活垃圾一体化收集、转运和处理处置。生活垃圾产生量较大时，应因地制宜建设区域性垃圾转运和压缩设施。

4. 适用范围

农村生活垃圾城乡一体化处理技术模式具有一定的适用性和优势，其优势主要是避免了治污设施的重复建设，工程统筹设计性较好，但同时也存在一定的技术问题，一是工程经济效益较差，保洁人员工资、车辆费、转运站人员工资等运行监管费用较高，能源消耗较高；二是项目工艺流程复杂，设计难度较高，收运车辆的运行路线、垃圾的清运周期均需科学合理规划设计，否则运行费用难以承受；三是项目基建投资较大，垃圾收集系统、转运站投入相对较大。

农村生活垃圾就地资源化利用技术模式适用性较强，但处理规模偏小，必须结合农业生产行为就地消耗。该类工艺的缺点是需要将生活垃圾进行分类，前期投入人力较多，且处理规模受土地使用权限和耕地数量限制。该类工艺的优点主要包括以下几项：

①项目经济效益明显，基建费用适中，运行维护费用较低，且有机肥料可以降低农业生产投入；

②可实现资源化利用，是一项促进农村和农业可持续发展的技术；

③技术成熟度较高，垃圾腐熟和生物发酵技术在有机污染物处理领域应用较为广泛，应用于生活垃圾处理安全可靠。

5. 应用现状

我国农村生活垃圾收运处理技术严重缺乏，实际应用的技术与治理需求脱节，绝大多数技术均是沿用市政垃圾处理技术模式，甚至是将零散的面源污染集聚成为点源污染。尤其是针对农村生活习惯、生活垃圾成分、生活垃圾结构的综合利用技术极其缺乏，未能将生活垃圾处理处置与农业生产有机结合，导致部分废弃物资源化利用途径受阻。

目前，农村生活垃圾处理技术呈现"老、旧、陈"与所谓"高、精、尖"并存的特点，应用较广的主要包括两类技术模式：一类是参照城市生活垃圾集中式处理技术模式，以研究"村收集、乡转运、县处理"的农村垃圾集中处理模式；另一类是采用垃圾分类后就地处理与集中处置相结合的综合利用模式。第一类技术模式起源于浙江、福建、广东等经济较为发达的省份，主要应用于城市近郊和治污设施服务范围内村庄的生活垃圾处理处置，对于经济条件较差地区，特别是经济落后的偏远乡村，实施难度很大。第二类模式起源于北京、浙江、四川等省份，主要应用于山区或远郊农村地区的生活垃圾处理，是一项生活垃圾资源化综合利用的技术，重点是基于生活垃圾中有机质含量较高，达到农业生产综合利用的目的。其中，较为广泛采用的是有机垃圾或厨余垃圾堆肥技术工艺，辽宁、浙江的部分农村环境连片整治项目也采用生活垃圾气化技术工艺。

二、农村生活垃圾连片处理技术案例

（一）辽宁省盘锦市生活垃圾生物质气化技术案例[*]

1. 案例概况

盘山县得胜村生活垃圾气化处理工程位于辽宁省盘锦市。工程设计规模为965t/a。服务范围为全村常住人口。得胜村位于辽宁省盘锦市盘山县境内，属温带半湿润大陆性季风气候，四季分明，光照充足，年平均气温8.3℃，年均降雨量623.6mm，无霜期172 d。

得胜村于2011年8月建成500 m³可燃垃圾气化站，可供给500户农村居民的生活和冬季取暖用气，年产（热值5 000kJ/m³）燃气193m³，相当于330.86t标准煤。全年减排二氧化碳866.85t、二氧化硫2.81t、氮氧化物2.25t，节电99.25万kWh，消耗可燃垃圾和秸秆等废弃物965t。

2. 技术原理

玉米秸秆、玉米芯、杂草、稻壳、果树枝杈、木材边角余料、可燃生活垃圾等可燃生活垃圾和生产废弃原料，经过晾晒或固化成型后，高温裂解、厌氧燃烧，生产可燃气体和木炭、焦油等产品。生物质燃气主要作为居民和工厂的生产与冬季取暖用气，燃气热值高，使用安全，是一种清洁的绿色能源产品。

3. 工艺流程

废弃的生物质原料通过收集、筛选、晾晒，当含水率小于20%时储存备用。使用前将原料切割成长30～500mm（根据原料的种类而定），一次性装入发生器内，进行制气制炭，也可采用连续给料方式制气。发生器内产生的粗可燃气体经过除尘、除焦、气水分离、净化等设备转换成洁净的可燃气体，储存在半地下干式储气柜内，通过地下管网直接输送到周边农村居民家中，用于生活燃气和冬季取暖，居民按燃气表交费或用自己的废弃秸秆、果

---

* 本案例素材由辽宁省环境保护厅提供。

树枝杈、可燃垃圾等废弃的生物质原料到生物质气化站换取燃气。工艺流程如图31所示。

4．主要参数

（1）主要构筑物

该工程主要包括垃圾制气发生器气化机组、干式储气柜、干式储气柜基础、地下净化池、焦油储存池等。

①生物质气化机组。一套500m³/h生物质气化机组，可供给500户农村居民的生活和冬季取暖用能，年产5 000kJ/m³的生物质燃气193万m³，其中生活用气73万m³，冬季取暖用气120万m³。

表21 生物质垃圾制气发生器参数

型号	FGAS300～1000	LSAF300～1000-L2
额定产气量/（m³/h）	300～1 000	300～1 000
物料消耗量/（kg/h）	150～500	150～500
真空工作压力/（MPa）	0.002～0.008	0.002～0.008
循环水出口温度/（℃）	≥90	≥90
发生器粗气出口温度/（℃）	50～280	50～280
气体热值/（kJ/m³）	4 600～6 000	4 600～6 000
气化效率/%	73	73
气化气体焦油含量/（mg/m³）	<10	<10
气化气体灰分含量/（mg/m³）	<10	<10

②几种典型的物料气化的气体成分含量。通常利用可燃生活垃圾和农村的废弃原料作为气化物料（表22），如玉米秸秆、玉米芯、杂草、稻壳、果树枝杈、木材边角余料、可燃生活垃圾等。

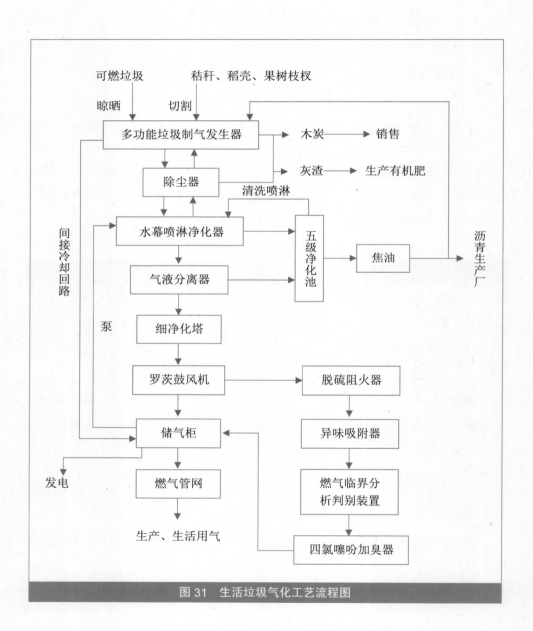

图31　生活垃圾气化工艺流程图

表22　典型物料气化后气体主要成分含量　　　　单位：%

原料成分	CO_2	H_2	O_2	N_2	CH_4	CO	H_2S	热值 / （kJ/m^3）	产炭率
废木块	7.10	11.20	0.80	55.10	2.90	11.60	11.30	5 935	38
秸　秆	11.43	11.26	0.93	45.28	2.80	18.60	9.70	5 069	
稻　壳	13.38	10.37	0.94	51.62	2.84	12.36	8.49	4 694	
果树枝杈	7.09	11.26	0.89	55.15	2.90	11.40	11.31	5 479	29
可燃垃圾	12.36	11.20	0.95	48.89	3.80	10.40	12.40	5 816	
锯　末	7.03	11.12	0.81	53.17	3.91	12.74	11.22	6 012	

（2）工程投资

建设气化站占地面积5.1亩[①]，使用寿命15年，总投资228万元，其中生物质制炭制气发生器气化机组25万元，气化站建筑物设备房18万元、材料库房22万元，半地下湿式储气柜建设费用58万元，地下管网建设费用63万元，围墙5万元，土地租赁费用及其他10万元，普通燃气表6.25万元，红外线（单灶）炉具1.75万元，用户室内其他管材配件10万元、安装费6万元。

5．运行维护

工程运行维护费用主要包括生活垃圾等生物质原料的购买，设备运行消耗的电费、专职管理人员工资等几部分。其中年需生活垃圾等生物质原料965t，按240元/t计算，年需购买原料款23.16万元；年需电费5.79万元；气化站需司炉工两名，月工资800元，年开支需1.92万元；设备折旧按15年计算，年需1.86万元；维修费每年按5 000元计算，共计每年运行维护费用为33.23万元。

6．技术特点

生活垃圾经过分拣筛选，将可燃垃圾进行气化处理，不仅极大地减少了垃圾对环境的污染，而且提高了垃圾的资源化利用，达到了垃圾"减量化、资源

---

① 1亩 =1/15hm² ≈ 666.67m²

化"的目标，保护了珍贵的土地资源，节约了人力、能源等成本；同时，垃圾气化产生的可燃气代替了煤炭，二氧化硫的排放也相应减少，减少了因化石能源燃烧造成的大气污染。因此，垃圾气化技术获得了良好的环境效益，同时又具有良好的经济效益和社会效益。

（二）海南省琼海市生活垃圾堆肥技术案例[*]

1. 案例概况

工程位于海南省琼海市龙江镇中洞村双举岭村。工程设计规模为220 t/a。服务范围为全村常住人口。

双举岭村隶属琼海市龙江镇中洞村，属于热带季风及海洋湿润气候区，年平均气温为24℃，年平均降雨量2 072 mm，年平均日照时数为2 155 h，年平均辐射量为497.4 kJ/m²，终年无霜雪。村民支付3～5元/（户·月）的垃圾处理费。工程资料如图32所示。

图32 生活垃圾堆肥工程实例

2. 技术原理

农村生活垃圾以村委会为单位统一收集，源头分拣，将生活垃圾分拣为有机垃圾、可回收废品、不可回收垃圾和危险废物4类，根据不同特点采取不同的无害化处理方式。有机垃圾主要包括剩余饭菜、树枝花草等植物垃圾，通常采

---

* 本案例素材由海南省环境保护厅提供。

取堆肥技术进行资源化利用；可回收垃圾主要包括纸类、塑料、金属、玻璃、织物等，通过出售给废品收购站获取一定的经济收益；不可回收垃圾主要包括砖石、灰渣及建设垃圾等，主要以就地无害化填埋方式进行处理；危险废物主要包括日用小电子产品、废油漆、废灯管、废日用化学品和过期药品等，禁止该类垃圾汇入其他种类生活垃圾，由具有相关资格的企业进行收集及无害化处理（表23）。

表23　农村生活垃圾分类

类别	垃圾成分构成
有机垃圾	剩余饭菜、树枝花草等植物类垃圾等
可回收垃圾	纸类、塑料、金属、玻璃、织物等
不可回收垃圾	砖石、灰渣等
危险废物	日用小电子产品、废油漆、废灯管、废日用化学品和过期药品等

3．工艺流程

农村居民产生的生活垃圾采用可移动容器方式收集，运输至村垃圾处理站进行人工分拣分别处理，可回收废品售给当地废品回收站；惰性废物就地填埋或运至就近城镇垃圾卫生填埋场处置；可堆肥物在底部铺有0.1m厚碎石的堆肥场地，把可堆肥物堆置成条垛状，进行高温堆肥处理。

腐熟后的堆肥，采用孔径为25mm×25mm的钢丝网筛，进行人工筛分，筛下物即为成品堆肥。筛上物可降解残渣作为堆肥的接种物循环处理，基本均能降解至符合筛分要求，不产生额外的废弃物。

本技术流程如图33所示。

4．主要参数

（1）主要构筑物

以人口规模为2 000～3 000人的村庄为单位，生活垃圾处理规模为每天400～600kg，配置生活垃圾资源化处置设施和设备，建设堆肥场、存放库房等设施。堆肥场地人均占地0.1~0.15m²，堆肥场地底部做防渗处理，再覆盖0.1m的碎石作导气用。

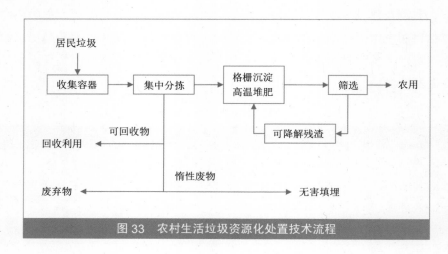

图 33　农村生活垃圾资源化处置技术流程

（2）生活垃圾分类

生活垃圾经集中收集、人工分拣后，不同类型垃圾分别进行处理。其中，生活垃圾主要分为可回收废品（当地废品市场回收的品种）、惰性废物（无机物，不可回收的塑料、橡胶、玻璃）和可堆肥物。

（3）堆肥操作程序

堆肥总周期42d（6周），前两周（14d），每天翻堆一次进行通风供氧；后四周（28d）每周翻堆一次。前两周不翻堆时，堆体始终以农用塑料膜覆盖保温；后四周不进行覆盖（降雨和夜晚除外），以充分利用自然通风供氧并干燥水分。

在堆肥过程中物料含水率和有机物含量持续下降，总氮含量在前14天下降明显，应与高温条件下氨有一定的挥发有关，14天后稳定或略有上升，则说明在腐熟阶段，温度降低后，氨挥发受到限制，而有机物继续降解使物料总质量降低，可能相对增加了干物料中的氨含量。

因源头分拣，避免了有害垃圾的混入，重金属含量低于土壤环境质量标准的三级限值。堆体样品的有机物、含水率和总氮随时间变化情况见表24。

表24　堆肥过程中堆肥物料组分变化情况　　　　　单位：%

堆制时间 /d	1	7	14	42
含水率	48～62	29～52	37～46	32～38
干样有机物含量	33～49	24～43	24～33	20～29
干样总氮含量	1.2～2.9	1.1～2.9	1.0～1.5	1.4～2.0

（4）工程投资

该工程投资成本随服务人口变化，服务人口规模为3 000人的垃圾资源化处理设施和设备，共需投入资金30万元，占地面积300～600m²。

5．运行维护

该技术运行维护费用主要包括收集、分拣工人工资、运输车辆油耗及少量冲洗地面、洗手用水等，人均运行费小于1.5元/月；维护费用仅用于运输车辆、收集容器、堆肥设施的维护。堆肥过程中无水、电、药等消耗。本垃圾资源化处置设施为永久性构筑物，如果维护良好，可长期使用。

6．技术特点

该技术以村庄为单元的生活垃圾处理完全可以达到现行国家的相关生活垃圾无害化处理标准要求；处理过程不产生污水，场内的臭气浓度达到恶臭控制要求。

①操作简单，运行成本低，适用于农村的应用条件。以海南示范项目为例，本技术的运行成本折算为每个村民的负担全年仅18元，当地居民人均年收入约4 500元，此成本仅占4‰左右，完全在其可承受的范围内。

②有显著的直接效益，主要体现为处理农村生活垃圾控制其污染释放、分离利用农村垃圾中的废品、实现垃圾中有机物的还田，以及实现农村生活垃圾

无害化的环境、资源与卫生效益。

③每年处理垃圾可达220t左右，每吨垃圾的含生物可利用碳和氮量分别为50kg和3kg；可削减的COD和氨氮负荷分别为29t和1.8t，可为当地的污染控制目标实现提供非常重要的支撑条件。同样，本技术的应用，增加了每年废品回收量（以纸、塑料、玻璃为主）；实现一定量的有机物还田（相当于施用了氮肥），具有重要的肥料替代及土壤肥力保持作用。

④具有间接效益，本技术可以阻断来自于垃圾的有害病菌感染风险，对于控制农村传染疾病的流行，提高农村的公共卫生水平具有重要的意义；同时本技术治理生活垃圾污染、回收资源的作用，还间接地有助于维持农村可持续发展的环境条件，成为建设社会主义新农村的重要支撑条件。

（三）浙江省余姚市有机垃圾生物发酵制肥技术案例*

1．案例概况

工程位于浙江省余姚市大岚镇。全镇14个行政村（集镇内1个居委会与丁家贩村共享1座太阳能处理器）均建立太阳能有机垃圾处理系统。太阳能有机垃圾处理系统覆盖全镇约13 100常住人口。

大岚镇面积63.34km^2，属亚热带海洋性季风区，阳光充沛，温暖湿润，四季分明，雨热同步。2010年平均气温17.3℃，最高气温40.7℃，最低气温－5℃，日照时间1 779.9h，无霜期272d，总降水量1 395.6mm，自然条件优越。

2．技术原理

太阳能有机垃圾处理技术的核心原理就是利用太阳能来促使细菌加快分解有机生活垃圾。太阳能有机垃圾处理器由太阳能热量收集板、消化反应池、石棉保温层、污水收集回用系统、臭气导排净化系统、垃圾升降装置、进料口及出料口组成。该处理器在垃圾提升和水循环喷淋功能上采用了自动化、半自动化技术，操作方便，提高了处理效率。处理器利用有机垃圾自身携带菌种进

---

* 本案例素材由浙江省环境保护厅提供。

行消化反应，利用太阳能和发酵所积累的能量作为生活垃圾处理能量，实现垃圾的减量化、资源化处理。设置污水收集回流系统和臭气导排净化系统，利用有机生活垃圾本身所产生的液体来调节含水率，不仅能够强化厌氧生物量，而且能够为处理体提供充足的营养，从而加速消化反应处理的稳定性。处理过程中所产生的臭气可经脱臭后排放，污水、臭气无二次污染产生，处理后的有机生活垃圾可作为腐熟性有机物，当作毛竹林、花木地、茶园等的最佳生物肥，可以作为土壤改良剂或生物肥与复合肥混合的复混肥，施于农作物，达到资源再生循环的要求。遇到阴雨天或外界气温较低时，依靠前期所积累的能量及消化反应过程中产生的能量来维持生物反应的进行，如内部达不到一定湿度有机生活垃圾起不了消化反应时，则不定期采用污水收集回用系统进行污水回用喷洒，以达到足够湿度，加快消化反应。

3. 工艺流程

将分拣的有机生活垃圾倒入处理池中，利用有机垃圾自身携带菌种或外加菌种进行消化反应，应用太阳能对有机生活垃圾进行无害化、减量化的生物处理。设置污水收集回流系统和臭气导排净化系统，处理过程中所产生的臭气可经脱臭后排放，处理后的有机生活垃圾可作为土壤改良剂，或作为生物肥与复合肥混合的复混肥。工艺流程见图34。

4. 主要参数

（1）构筑物

太阳能有机垃圾处理器配备有停车和管理单独用房100m² 左右，太阳能有机垃圾处理器占地100m² 左右，故总占地面积大概200m²。主要设备包括太阳能热量收集板、消化反应池、污水收集回用系统、臭气导排净化系统等。其中，钢筋砼浇筑的垃圾中转房1座，水电设施1套，污水井1座，活性炭若干。

（2）生活垃圾堆肥

太阳能有机生活垃圾处理器的处理周期一般为45～60d（根据室外气温而定），每个消化反应池一般能容纳2 000人、60d的有机生活垃圾。经过半年来

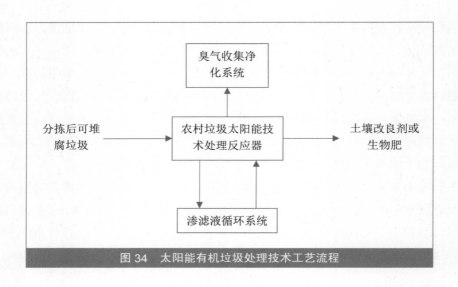

图 34 太阳能有机垃圾处理技术工艺流程

的运作和测算，有机与无机垃圾量比率为7∶3，达到了农村生活垃圾减量化、资源化、无害化处理目标。

（3）工程投资

以建一座垃圾中转站和太阳能有机垃圾处理器为例，总投入资金约16万元，具体项目建造估算成本价格见表25。

表 25　单座太阳能处理设施项目建造估算表

序号	工程项目	单位	数量	单价／元	金额／元
1	垃圾中转房	m²	98	650	63 700
2	土方开挖	m³	224	22	4 928
3	钢筋砼浇筑	m³	15	1 500	22 500
4	砂浆粉刷	m²	262	10	2 620
5	马赛克外墙	m²	60	62	3 720
6	厚15cm砼地面浇筑	m²	35	52	1 820
7	铁件材料（铁网、铁件及附属件）	项	1	7 500	7 500
8	玻璃及安装 双层	m²	27	180	4 860

序号	工程项目	单位	数量	单价/元	金额/元
9	水电设施	项	1	4 000	4 000
10	砼污水井	座	1	2 500	2 500
11	钛合金字	个	13	120	1 560
12	活性炭				7 000
13	附属设施（道路开挖及硬化）	m²	124	65	8 060
14	干砌块石基础及挡墙	m³	85	135	11 475
15	绿化				7 500
16	政策处理	亩	0.5	5000	2 500
17	单座投资共计				156 243

5. 运行维护

有机垃圾分类收集、运输、再分拣、太阳能有机垃圾处理器相关设备和材料保养、人工费（以村里保洁员增加补贴形式）等共计约5 000元，若算上无机垃圾的各项运输及处理费用的话，总费用则增加到15 000元。

使用寿命：太阳能有机垃圾处理器设施比较结实耐用，估算可以用10～20年。

6. 技术特点

该技术特别适合于偏远山区乡镇，满足地旷人稀，居民分散和地域分散的特点。农村生活垃圾原则上按照日产日清、户集、镇运、市处理的原则进行处理，但偏远山区乡镇地域分散，运行成本高，运作起来工作难度较大，采用太阳能有机垃圾处理系统可有效解决上述问题，且几乎不受气候影响。

优点：既节省了财力，降低了运行成本，又有利于资源的循环利用和生态环境保护。太阳能有机垃圾处理器设施比较结实耐用，估算可以用10～20年。

缺点：垃圾回收后的分拣工作和太阳能垃圾处理器的日常维护工作等都需要非常有责任心的工作人员持之以恒的工作，而目前从事此类工作的人员大多是无正式编制的临时人员，待遇相对较低，人员上不够稳定。

余姚市大岚镇农村生活垃圾处理工程见图35。

图 35　余姚市大岚镇农村生活垃圾处理工程

专题四

畜禽养殖污染防治技术模式与案例

一、畜禽养殖污染防治技术模式

1. 技术概况

当前，我国畜禽养殖污染防治技术重点仍倾向于污染物末端治理，清洁生产、场舍建设等全过程系统化的防治技术仍处于研究示范阶段。项目建设仍以主要污染物总量减排为目的，注重畜禽养殖对水环境质量的影响，对养殖场舍恶臭气体排放控制技术、气肥和液肥农田安全施用技术，以及区域性养殖面源污染治理技术的研究和应用不足。

2. 技术分类

畜禽养殖污染防治技术呈现多样化、复杂化、交叉化的特点。按照污染防治针对的环境可以分为：场舍建设技术、动物饲养管护技术、粪便综合利用技术、温室气体排放控制技术、清洁生产技术等。按照废弃物处理处置去向可以分为沼气综合处理技术、污水处理技术和生物发酵床模式。其中沼气综合处理技术包括沼气发酵技术、沼气净化技术、沼气利用技术、沼渣沼液综合利用技术等一系列技术工艺；污水处理技术包括厌氧生物处理技术、好氧处理技术、剩余污泥综合处理技术等。

3. 模式选取

畜禽养殖污染连片治理项目建设应参照《畜禽养殖业污染防治技术政策》（环发[2010]151号）、《畜禽养殖污染治理工程技术规范》（HJ 97—2009）等规范性文件，综合考虑畜禽养殖规模、环境承载能力、排水去向等因素，遵循"资源化、减量化、无害化"的原则，充分利用现有沼气工程、堆肥设施进行治理。

对于畜禽养殖密集区域或养殖专业村，应优先采取"养殖入区（园）"的集约化养殖方式，采用"厌氧处理+还田"、"堆肥+废水处理"和生物发酵床等技术模式，对粪便和废水资源化利用或处理。

对于养殖户相对分散或交通不便的地区，畜禽粪便适宜采用小型堆肥处理模式，养殖废水通过沼气处理，或者结合生活污水处理设施进行厌氧消化处理后还田。

对于土地（包括耕地、园地、林地、草地等）充足的地区，应优先采用堆肥等"种养结合"技术模式，对废弃物资源化、无害化处理后进入农田生产系统。

对于土地消纳能力不足的地区，适宜采用生产有机肥的模式，建立畜禽粪便收集、运输体系和区域性有机肥生产中心。在推行养殖废弃物干湿分离的基础上，养殖户的废水采用"化粪池＋氧化塘（人工湿地）"的处理模式，养殖场（小区）的废水采用上流式厌氧污泥床（UASB）、升流式固体厌氧反应器（USR）、连续搅拌反应器（CSTR）、塞流式反应器（PFR）等达标处理模式。

对于规模化畜禽养殖场、散养户并存的集中养殖区域，应依托规模较大的畜禽养殖场已建治污设施，建立完善区域废弃物收集、运输和废弃物处理系统。

4. 适用范围

沼气综合处理技术适用范围较广，可用于大、中、小型生猪、肉牛、奶牛养殖场的粪便与污水混合处理。该项技术工程投资较大，经济效益较好、运行维护费用适中，但必须配套一定比例的土地消纳液态肥料。

"污水处理+干粪堆肥"技术适用于达标排放要求的大中型养殖场粪便处理，技术工程投资较大、运行维护费用较高，前端需配套干湿分离系统，并建设粪便堆肥场，其优点是干粪堆肥可实现肥料的区域调控，减少配套消纳土地的压力。

生物发酵床技术适用于农村地区中小型养殖户或养殖小区污染防治，适用畜禽种类较为广泛，具有成本低、耗料少，效益高、无污染、操作简单等优点，但应用时需重点关注卫生防疫，严格执行发酵床运行维护和管理要求。

5. 应用现状

畜禽养殖历史悠久，传统的一家一户的养殖模式由于养殖量小，产生粪污量不大，主要采用堆肥处理后有机肥还田的处理模式。随着经济的发展，畜禽养殖业发展迅速，尤其是改革开放后，工厂化养殖飞速发展， 传统的种养结合的模式已不能满足粪污处理的需要。20 世纪70 年代，我国开始了沼气综合处理技术的研究工作，并先后建设了一批沼气发酵的研究项目和示范工程。生物发酵床技术是近几年发展起来的一种清洁养殖的处理技术，由于具有成本低、耗料少、效益高、无污染、操作简单等优点，已在猪、牛、羊、马、兔、狗、狐、貂、鸡、鸭、鹅、鹌鹑、鸽子等多种畜禽养殖污染防治中广泛应用。

二、畜禽养殖污染连片治理技术案例

（一）福建省漳州市生物发酵床养殖技术案例*

1. 案例概况

福建省漳州市南靖县年平均气温21.5℃，年均日照时数达1 900h以上，年均降雨量1 700mm，无霜期340d以上，冬无严寒，夏无酷暑，属典型的亚热带季风气候，森林覆盖率70%以上，素有"树海"、"竹洋"之称。

南靖县的温氏食品集团有限公司将生物发酵床技术应用在生猪、肉鸡养殖，在有效控制畜禽养殖污染的同时，取得了一定的经济效益，实现了畜禽养

---

* 本案例素材由福建省环境保护厅提供。

殖的零排放。其中，洪钵种猪场，一条生产线和隔离舍、生长保育舍采用了生物发酵养猪技术，建筑面积约为9 000m²；2011年扩建的三条生产线，怀孕舍全部采用发酵床生物菌处理，建筑面积约为10 000m²。

2. 技术原理

生物发酵床养殖技术从内环境上改善了生猪肠道的微生态平衡，提高了饲料的吸收率，减少了粪便的排放，在外环境上使畜禽粪、尿中的有机物质得到充分的分解和转化，达到无臭、无味、无害化的目的。总之，通过内外环境的共同作用达到无污染、无排放、无臭气的养殖效果。

①在内环境改善方面，该技术将含有枯草菌和酵母菌的饲料添加剂按一定比例均匀拌入饲料喂养生猪，经特殊工艺加工的饲料添加剂进入生猪的肠道时，两种好氧菌（枯草菌和酵母菌）相互作用而产生淀粉酶、蛋白酶和纤维酶等代谢物质，同时消耗肠道内的氧气，给乳酸菌的繁殖创造了良好的厌氧生长环境。枯草菌和酵母菌的代谢物质本身不但具有较强的抗生功能，而且还是乳酸菌繁殖时很好的饵料，促成生猪肠道的乳酸菌（厌气菌）大量繁殖，从而改善了生猪肠道的微生态平衡，增强抗病能力，提高对饲料的吸收率，大大减少生猪粪尿的臭味。

②在外环境改善方面，利用自然界的微生物资源，即自然界中多种有益微生物，通过选择、培养、检验、扩繁，形成有相当活力的微生物母种，再按一定比例将其与锯末、谷壳等辅助材料、活性剂等混合和发酵制成有机垫料。畜禽排泄出来的粪、尿被垫料掩埋，水分被发酵过程中产生的热蒸发，使畜禽粪、尿中的有机物质得到充分的分解和转化，达到无臭、无味、无害化的目的，是一种无污染、无排放、无臭气的环保畜禽养殖技术。

3. 工艺流程

将谷壳、锯末、米糠、水及制剂混合均匀，厌氧发酵腐熟后，垫入圈舍内，猪的粪尿全部经微生物发酵分解，最终成为营养丰富的有机肥，实现生猪养殖的零排放。工艺流程如图36所示。

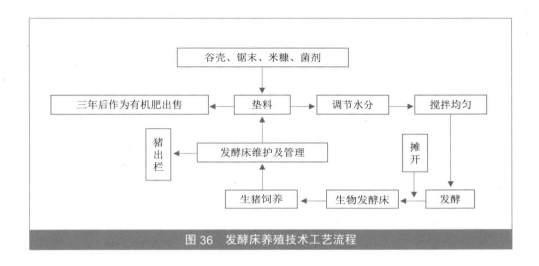

图 36　发酵床养殖技术工艺流程

4. 主要参数

（1）垫料原料的选择

主料：通常这类原料的用量占到总物料的80%以上，由一种或几种原料构成，常用的主料有锯末、谷壳、秸秆粉等。

辅料：主要用来调节物料C/N、水分、pH、通透性的一些原料，由一种或几种原料组成，通常这类原料不超过整个物料的20%，常用的辅料有猪粪、米糠、麸皮等。

（2）垫料的制作

①垫料配方及用量。根据猪舍面积大小、垫料厚度，计算出所需要的谷壳、锯末、鲜猪粪、米糠以及发酵菌剂的使用数量，具体计算方法见表26。

表 26　垫料计算方法

原料	谷壳 /%	锯末 /%	鲜猪粪 /（kg/m³）	米糠 /（kg/m³）	发酵菌剂 /（g/m³）
冬季	50	50	5	3	200 ～ 300
夏季	60	40	0	3	200 ～ 300

②垫料的制作过程。

● 酵母糠的制作：将所需的米糠与适量的发酵菌剂逐级混合搅拌均匀备用。

● 原料混合：将谷壳、锯末各取10%备用，将其余谷壳和锯末倒入垫料场内，在上面倒入生猪粪及米糠和发酵菌剂混合物，用铲车等机械或人工充分混合搅拌均匀。

● 垫料堆积发酵：各原料在搅拌过程中需调节水分，一般45%比较合适。一般采用现场用手抓来判断，手抓成团，松手即散，指缝无水渗出，即为含水量适合发酵所需。将垫料混合均匀后，堆积成梯形状后，用麻袋或编织袋覆盖周围保温，待发酵备用。

● 垫料的铺设：垫料经发酵，温度达60～70℃，保持3d以上，彻底翻堆一次，等垫料温度下降到50℃以下，将垫料摊开，气味清爽，没有粪臭味时即可摊开到每一个栏舍。高度根据不同季节、不同猪群而定。垫料在栏舍摊开铺平后，用预留的10%未经发酵的谷壳、锯末覆盖，厚度5～10cm，间隔24 h后才可进猪饲养。

③垫料质量标准。

垫料是否符合要求，通过以下标准判断：

● 发酵堆体物料疏松，水分含量在40%左右；

● 发酵料散发曲香或清香味，无臭味或其他异味；

● 发酵结束时堆体温度下降到40℃左右。

④其他注意事项。

● 调整水分要特别注意不要过量；

● 制作垫料时原材料要均匀混合；

● 堆积后表面应稍微按压，特别是在冬季里，周围应该使用通气性的东西如麻袋等覆盖，使它能够保温、透气；

● 所堆积的物料散开的时候，气味应很清爽，不能有恶臭的情况出现。

（3）圈舍

采用该技术养猪模式，猪舍一般采用单列式，猪舍跨度为8～13m，猪舍屋檐高度2.8～4m。栏圈面积大小可根据猪场规模大小（即每批断乳猪转栏数量）

而定，一般掌握在40m²以上，饲养密度0.8～1.5头/m²。

猪舍地面根据地下水位情况，可水泥固化，也可不用固化。

（4）采食台和饮水台

在猪舍一端设一饲喂台（1.2～2m），在猪舍适当位置安装饮水器，要保证猪饮水时所滴漏的水疏导至栏舍外，以防漏水浸湿垫料，影响微生物生长。

（5）垫料池

垫料高度根据猪的生长时期不同而不同，如保育猪垫料池一般为50～70cm、中大猪垫料池一般为70～100cm。

（6）机械设备进入通道

圈舍建设时要留有挖掘机和猪进出圈舍垫料区的通道。在一栋圈舍内，垫料区一般都是一个整体垫料池，每间猪栏都要用活动铁栏杆根据猪群的大小来安装隔开的。当需要用挖掘机进入垫料区翻动垫料时，打开垫料池的机械通道隔栏，垫料上的活动铁栏杆应十分方便地折卸开。

（7）工程投资

猪舍建设费用约为180元/m²，高标准猪舍建设费用约为400元/m²，旧猪舍改造费用约为130元/m²，垫料投资70～100元/m³，垫料一次投入可使用2～3年。

5. 运行维护

发酵床养护的目的主要是两方面：一是保持发酵床正常微生态平衡，使有益微生物菌落始终处于优势地位，抑制病原微生物的繁殖和病害发生，为猪生长发育提供健康环境；二是确保发酵床对猪粪的消化分解能力始终保持在较高的水平，同时为生猪的生长提供一个舒适的环境。发酵床养护主要涉及垫料的通透性管理、水分调节、垫料补充、疏粪管理、补菌、垫料更新等多个环节。

（1）垫料管理

长期保持垫料的适当通透性，即垫料中的含氧量始终保持在正常水平，是发酵床保持较高分解粪尿能力的关键因素之一，同时也是抑制病原微生物繁殖、减少疾病的重要手段。通常比较简单的方式就是将垫料经常翻动，翻动的深度为15～25cm，通常可以结合疏粪或补水将垫料翻匀，另外每隔50～60d要彻底翻动一次，并且将垫料层上下混合均匀。

（2）水分调节

由于发酵垫料中垫料水分的自然挥发，垫料水分会逐渐降低，垫料水分降到一定水平后，微生物的繁殖就会受阻或停止。因此，要定期根据垫料水分状况适时补充水分，保持微生物正常繁殖、维持垫料粪尿分解能力。垫料合适的水分为38%～45%，因季节或空气的湿度不同而略有差异，常规补水方式可采用加湿喷雾补水，也可结合补菌时补水。

（3）疏粪管理

由于生猪具有集中定点排泄粪尿的特性，所以发酵床上会出现粪尿分布不均，粪尿集中的地方湿度大，消化分解速度慢，只有将粪尿分散地洒在垫料上，并与垫料混合均匀，才能保持发酵床水分的均匀一致，并在较短的时间内将粪尿消化分解干净。通常保育猪2～3d疏粪一次，中大猪1～2d疏粪一次。

（4）垫料的补充与更新

发酵床在消化分解粪尿的同时，垫料也会逐步消耗，及时补充垫料是发酵床性能稳定的重要措施。通常垫料减少量达10%后就要及时补充，补充的垫料要与发酵床上的垫料混合均匀并调节好水分。

6．技术特点

①节省饲料、节省人力。在饲料中按一定比例加入的微生物菌剂，一般可以节省饲料10%左右，与传统养猪工艺模式相比免除了传统的日常扫栏、清洗等繁重的日常管理工作，可节约劳动力50%左右。

②污染少，环境得到优化。无须每天清扫、冲洗猪栏，减少了废弃物、排泄物排出养猪场，大大减轻了养猪业对环境的污染。

③节约水和能源。该技术只需提供猪的饮用水，不需要每天清除猪粪，可节水90%以上。生物发酵床自行发酵产热，猪舍冬季无须耗煤耗电加温，可节省大量的能源。

④提高了生猪的抵抗力，改善了肉质。生物发酵床中的生物菌剂通过参与

肠道的营养消化作用，保持肠道的pH值，提高了生猪对不利环境的抵抗力。猪饲养在垫料上，满足了猪喜拱掘的动物习性，运动量增加，猪生长发育健康，提高了猪肉品质。

⑤变废为宝。在发酵制作有机垫料时，锯末、稻壳、玉米秸秆等农业废弃物均可作为垫料原料加以利用。垫料在使用2～3年后，形成可直接用于果树、农作物的生物有机肥，达到循环利用的效果。

养殖圈舍资料图见图37。

图 37　生物发酵床养殖圈舍

（二）浙江省宁波市畜禽养殖废物综合利用技术案例*

1. 案例概况

宁波市鄞州区地处宁绍平原，属亚热带季风性湿润气候，夏季盛行东南风，雨热同步，冬季盛行西北风，较寒冷干燥。区域年均气温16.2℃，年均降水量1 538.8mm，年平均日照时数2 070h，无霜期238d。境内地貌东南部与西部为丘陵与山地，中部为宽广的平原，总体呈现马鞍形地貌。

* 本案例素材由浙江省环境保护厅提供。

鄞州区是畜禽规模养殖大区，规模化率达90%以上，为防治畜禽养殖带来的污染，鄞州区启动了沼液物流配送项目。以沼液物流配送为纽带，带动全区生态农业大循环，宁波长泰农业发展有限公司具体负责沼液物流配送日常业务。鄞州区将沼液纳入政府补贴范围，制订了沼液液态肥配送使用补助办法，同时政府与运输企业签订"沼液年度配送协议书"，运输企业与牧场、基地分别签订"沼液配送协议书"和"沼液储存池建设及使用协议书"，层层落实任务和责任。

2．技术原理

农牧综合利用是指按照自然界规律，将动植物、微生物的生长消亡综合考虑，形成一条完整的食物链，促进人与自然的和谐共处。

沼气处理是指利用人畜粪便、秸秆、污水等各种有机物在密封的沼气池内，在厌氧条件下，被种类繁多的沼气发酵微生物分解转化，最终产生沼气的过程。在这个过程中微生物是最活跃的因素，它们把各种固体或是溶解状态的复杂有机物，按照各自营养需要，进行分解转化，最终生成沼气。

3．工艺流程

根据猪粪污水可生化性好、营养成分齐全等特点，结合生态环境工程的要求，采用"粪水厌氧消化产生沼气"的处理工艺和"厌氧发酵出水综合利用"的处理方法。由于此工艺具有低成本运行、低成本投入的特点，使其具有良好的推广和示范效益。工艺流程如图38所示。

4．主要参数

工程投入资金700余万元，建成大型沼液中转池3只，容积9 600m³；中型砖混结构贮液池99只，容积4 950m³；购置小型移动式沼液专用配送桶625m³，总容积达到15 175m³；购置配送车辆5台，日运力达到300t，保证了10万t的运输任务；建立核心示范基地，在东吴镇小白村500亩的生态修复园内，建立了集试验、检测、浓缩及沼液系列产品开发为一体的核心示范基地。其中，连栋钢棚4 260m²，种植各种植物10余种；沼液实验室及研发用房600m²，配置了相关

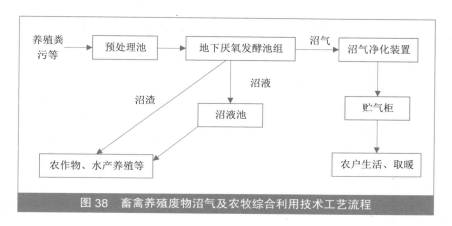

图 38 畜禽养殖废物沼气及农牧综合利用技术工艺流程

检测试验设备；建造了沼液贮存池、调节池、喷滴灌等配套设备，对沼液的成分、稳定、调节、配合、使用方法、浓缩技术及液态有机肥系列产品开发进行深入研究。

5. 运行维护

①市场化运行。

引进沼液专业化处置企业——宁波长泰农业发展有限公司，具体负责沼液物流配送日常业务的开展。其主要职责：开展沼液物流配送业务，制订收集、运输、应用等环节的管理制度，建立科学的配送流程，做到运转有序，高效节约；核心示范园区建设，试验示范，牧场与基地储液池的建造、管护；沼气池、储液池的日常维护。

②财政补贴与适度收费。

将沼液纳入政府补贴范围，制订了沼液液态肥配送使用补助办法，列入沼液配送牧场的每吨收费5元，政府补助每吨20元，三年内基地农户免使用费，三年后视情况进行调整。同时政府与运输企业签订沼液年度配送协议书，运输企业与牧场、基地分别签订"沼液配送协议书"和"沼液储存池建设及使用协议书"，层层落实任务和责任。这些政策的制订和落实极大地调动了牧场、运输企业、基地三方的积极性，稳定了人心，一方面保障沼液的来源和质量，另一方面保障种植基地沼液的及时供应，沼液配送量以每年翻一番的速度增加。

③科技创新。

在沼液配送项目实施过程中，鄞州区专门成立了沼液研究所，与浙江大学环境与资源学院签订了长期合作协议，组织省、市、区专家联合申报市、区科技攻关项目，统筹解决了以下问题：一是通过进行试验、验证及操作规范，实现了不同作物沼液的科学合理使用；二是通过稳定性调节，解决不同畜禽品种、不同来源的沼液成分不稳定的问题；三是解决了牧场沼液产生的连续性与作物施肥的季节性矛盾；四是实施沼液使用的安全性评估；五是解决了喷滴灌系统等配套设施问题。

6. 技术特点

沼气技术原理简单，施工、管理、使用也比较简便，是一项非常实用的技术。在厌氧消化过程中，不仅可以改善环境条件，而且产生的沼气是清洁能源，可供炊事、加温、发电等；沼液沼渣中富含植物所需的营养成分，是优质的有机肥。发展沼气有利于保护生态环境，促进农民增收节支，发展高效生态农业，有利于建设环境友好、资源节约、农业生态循环的新农村。

该项技术具有以下难点：一是不同作物沼液的科学合理使用问题，需要进行试验、验证，并形成操作规范；二是不同畜禽品种、不同来源的沼液成分不稳定，需要进行稳定性调节，沼气中含有少量硫化氢，而现有脱硫设备效率不高；三是牧场沼液产生的连续性与作物施肥的季节性矛盾，产气随气温波动较大，夏季产气多用不完，冬季产气少不够用；四是沼液使用的安全性评估；五是沼液使用的不方便制约了沼液的推广使用，需要解决喷滴灌系统等配套设施问题；六是经厌氧处理后的沼液如直接排放，仍是高浓度污染物，若进行深度处理达标排放，投资、运行管理成本很高。

---

* 本案例素材由云南省环境保护厅提供。

（三）云南省玉溪市太阳能中温厌氧发酵技术案例*

1．案例概况

云南省江川县前卫镇李忠村，位于星云湖流域，年平均温度18.8℃，年平均日照2 334h，年均降水量891.8mm，无霜期337d。居民512户，1 643人，耕地618亩，人均纯收入4 149元，养殖以仔猪为主（年出栏3 000～5 000头）。

李忠村实施农村环境连片整治工程，解决村庄内养殖户造成的环境污染问题。工程投资196万元建成太阳能中温沼气站，所产沼气供全村住户使用，供气覆盖率达95%。年处理牲畜粪便4 635.5t，资源化利用总氮21.83t、总磷4.42t、COD 143.27t、BOD 113.40t。每年减少污染物排放COD 128.94t、BOD 102.06t、总氮19.65t、总磷3.98t、SO_2 0.79t、CO_2 68.96t。年产沼气8.21万m^3，相当于16.42万kWh电（或者58.86 t标准煤），年产值16.43万元，液体有机肥2 137.80t、产值19.81万元，精制有机肥1 158t，产值57.95万元，合计产值94.19万元。

2．技术原理

采用微生物发酵技术处理生物型废弃物（畜禽粪便、多汁秸秆、浮水植物、绿化垃圾、养殖污水），将其转化为生物能源和有机肥料，沼气净化生产管道燃气供居民生活用气，有机肥供农户用于农业生产，从而控制畜禽养殖有机废弃物对环境污染的防治，实现其无害化和资源化的循环利用。

3．工艺流程

养殖粪便等有机垃圾由提升斗输送至料仓，定时定量地将原料由料仓送进高浓度厌氧发酵鼓发酵生产沼气，进而固液分离，固体部分进行固态好氧堆肥，腐熟后制作成固态有机肥上市销售。液体部分进入低浓度厌氧发酵鼓继续发酵产生沼气，发酵后产生的沼液调配分装成液体有机肥，出售给附近农户使用。高浓度和低浓度厌氧发酵产生的沼气脱硫脱水后存储于气柜，通过燃气管道送至附近村民家庭，作为生活燃料使用（图39）。

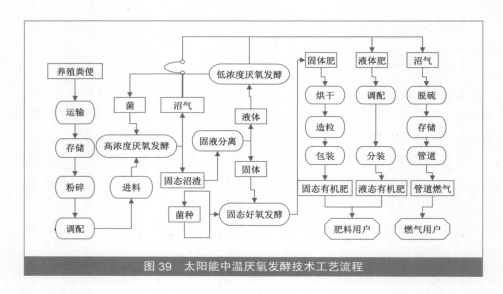

图 39 太阳能中温厌氧发酵技术工艺流程

4.主要参数

（1）构筑物

沼气站主要设备包括100m³高浓度厌氧发酵罐、100m³低浓度厌氧发酵罐、100m³调压储气罐、400m²太阳能板、供气管道12 568m、燃气终端405户、64m³液体调配池、30m³原料调节池、45m³堆肥棚。容积3.15m³沉砂井4个、收集管道323 m，容积70m³的污水收集池，容积100m³的好氧曝气罐，生态沟160m。

（2）设备

太阳能中温厌氧发酵技术其主体设备包括100m³高浓度发酵鼓、100m³低浓度发酵罐、100m³沼气净化储存鼓，村落管道燃气系统（150～350户），附属设施包括料棚、堆肥棚、缓冲池等。

①高浓度厌氧发酵鼓。

用途：中温厌氧发酵处置畜禽粪便等生物垃圾。

参数：TS 10%～15%，周期10～15d，日换料量6%～9%，容积产气率1.2～1.5m³/m³，温度35℃±2.5℃，提升斗直接进料，全混合搅拌5～25r/min，运行压力5kPa，总功率12.5kW。

构造：发酵鼓主体直径3m，长度15m，体积106m³，钢板焊制，内部防腐处理，外被保温层，下部为鞍式支座，顶部为太阳能装置，鼓体附装有提升进料、机械搅拌、盘管加温、固液分离、集气、采样、测温、检修孔等设备，动力配置交流电动机（380V）或者沼气内燃机（可附加发电）。

②低浓度厌氧发酵鼓。

用途：中温厌氧发酵处置高浓度有机废水。

参数：TS 4%～8%，周期6～10d，日换料量8%～15%，容积产气率0.5～1.0m³/m³，温度35℃±2.5℃，泵进料，泵搅拌，运行压力5kPa，总功率5kW。

构造：发酵鼓主体直径3m，长度15m，体积106m³，钢板焊制，内部防腐处理，外被保温层，下部为鞍式支座，顶部为太阳能装置，鼓体附装有杂质泵（或螺杆泵）进料、污水泵循环搅拌、盘管加温、集气、采样、测温、检修孔等设备，动力配置交流电动机（380V）。

③沼气净化储气鼓。

用途：净化、储存和输送沼气。

参数：脱水、脱硫、存储、输送、运行压力5kPa，总功率7.5kW。

构造：储气鼓主体直径3m，长度15m，体积106m³，钢板焊制，内部防腐处理，下部为鞍式支座，鼓体附装有进、出气口、脱水器、脱硫器、调压气袋、空压机、压力保护、止火器、采样、排水、检修孔等设备，动力配置交流电动机（380V）。

（3）工程投资

沼气站占地面积约2亩，总投资135万～200万元，其中土建20万～45万元，整体装备105万～150万元，燃气管道铺设15万～35万元。

5. 运行维护

该工程需要配备专职人员对设施进行日常运行维护管理，维护方法与普通沼气池趋同，重点注意发酵池内温度的控制。运维费用主要由人工费、设备维修费构成，为7万～10万元。

6．技术特点

与常规沼气发酵池相比，该套设备具有的优点主要为：

①中温发酵——全年供气：通过太阳能热循环系统的利用，保证整个发酵系统全年均能正常运行和稳定产气，从而实现全年正常供气，解决了常温发酵在冬春季因气温低不能正常产气的技术瓶颈。

②管道燃气——城市标准：当前在整个农业系统还没有相应的村落管道铺设和村落燃气供应的标准，项目参考执行城市燃气设计规范，确保村落管道的安全性和可行性。

③工业模式——长期稳定：整套装备的研制遵循标准化设计、工厂化生产、模块化制造、规范化安装的原则，从而保证了整套装备质量性能的可靠性，完整的装备说明书、运行管理手册和物业管理服务为其运行提供稳定支持。

发酵工程如图40所示。

图40　李忠村太阳能中温厌氧发酵工程